推薦序一

我很榮幸撰寫推薦序。三位作者張海立、曹士圯和郭祖龍都是來自最前線的實戰派。其中，張海立和郭祖龍是我的同事，這些年他們孜孜不倦地把雲端原生的實踐引入馭勢科技，為自動駕駛雲腦建立了一個具有高堅固性和高可擴充性的雲端基座，在大模型時代來臨之際，他們又順勢而為，迅速成為推動馭勢科技內部人工智慧生產力探索的主要成員。

自從 2022 年 11 月 30 日 ChatGPT 從天而降，我參加過無數個線上或線下的研討會。99% 的「看熱鬧」或興高采烈、或憂心忡忡地開始思考 AI 如何改變自己和孩子的未來，99% 的程式設計師在小圈子裡瘋狂轉發 Copilot 自動生成程式的文章，99% 的企業家在公司的會議上談論 GPT 對業務或人員帶來的影響，然而，真正的行動者只有 1%，只有行動者才有可能成為未來的主人。

每個行動者都有不同的切入點，比如，設計師可能從 Midjourney 切入，HR 可能會先做一個簡歷總結、篩選工具或出題工具，程式設計師一般會先嘗試 IDE 的 Copilot。對一個有志於開發 AI 原生應用的開發者來說，就沒有那麼簡單了：這位開發者集產品經理、架構師和程式設計師於一身，既要解決模型、資料，又要撰寫業務邏輯，還要做一堆 Bookkeeping 的工具，如此，LangChain 就是最佳的切入點。LangChain 作為一個框架，它連接模型、資料和業務邏輯，支援開發者快速開發出應用原型，並且支援應用在生命週期中不斷迭代。

本書對 LangChain 的框架、元件、工具和服務等做了完整的闡述，並且結合一些典型場景，深入淺出地介紹了開發、部署、監控全流程的開發過程，可讀性和實戰性都很強。

如果說 OpenAI 公司僅用 8 天就完成了 ChatGPT 的開發，則開發者也可以透過 LangChain 用一個星期開發一個原生應用。這個時代和以前相比，最大的變化在於「一個人就是一支軍隊」，從 Midjourney 的 11 名員工到 Pika 的 4 名員工，正是因為像 LangChain 這樣的基礎設施和開放原始碼生態，以及大模型算力取代了大量員工的腦力，讓少數核心員工的腦力被無限放大。

LangChain 的 Chain，串聯起來的不僅是模型、資料和業務邏輯，還有大量的 Agent。如果說傳統組織的能力在於，把很多人編排成一個團隊，讓成千上萬容易犯錯的人能夠一起修建一個可靠性極高的「核能發電廠」，則未來的組織是把人和 Agent 編排成一個高生產力的團隊，而管理這個團隊的基礎，從機制到制度和流程，都可能基於 LangChain 這樣的基礎設施。

當然，LangChain 不到兩年的發展過程也並非是一帆風順的，它曾經受到不少質疑，有人認為它適合入門、不適合生產，也有人質疑它的程式品質和設計邏輯。如今，它經歷了被質疑到被理解再到被擁抱的過程，成為打開大型語言模型世界的首選。任何一個開放原始碼專案的成功，都有幸運的成分，但在其底層邏輯中又有其必然性。「凡夫畏果，菩薩畏因」，希望大家從本書中學到的不僅是一些 API 和工具的相關知識，更能從中悟出一個好框架、一個在許多競爭中脫穎而出的開放原始碼專案成功的原因。

三位作者都是在創業的忙碌之餘，邊實踐邊寫作，2023 年年底成書（彼時 LangChain 進入公眾視野也不過 1 年出頭），殊為不易。這可能就是時代的特徵，已經不可能等一切落定後再沉澱成書，一切都在變化之中完成，又在變化之中演進。期待本書的第 1 版能夠成為有志於快速進入 AI 原生應用程式開發領域的開發者的及時雨，LangChain 會不斷更新迭代，以更新的版本讓大家始終立於潮流之巔。

駁勢科技聯合創始人兼 CEO　吳甘沙

推薦序二

當初認識海立是在 2007 年，那時他還在復旦大學軟體學院讀研究所，由於英特爾和復旦大學建立的聯合創新中心專案，我們有機會在一起工作。從復旦大學畢業後，海立留在英特爾工作，後來他加入了馭勢科技，10 多年來，我有幸見證了海立的成長。

從 2007 年到現在，我們見證了行動網際網路、雲端運算、人工智慧給工業界及整個社會帶來的巨大變革。海立也在這個時代中與時俱進，擁抱每一階段的前端技術，從最早的 Web 前端，到後來的 HTML5，再到雲端原生及人工智慧，他深知將理論知識和技術應用緊密結合的重要性。除了在所從事的專案上深度實踐，充分應用這些新技術為所在公司的產品提升競爭力，海立還充滿熱忱地利用不同的通路對新技術進行傳播，而本書的誕生，正是海立開放原始碼大型語言模型應用程式開發框架傳播工作的一部分。

大型語言模型（LLM）的快速發展為整個社會帶來了巨大的機遇。除了大型語言模型的建構及大型語言模型在不同應用場景的無縫嵌入，針對特定的大型語言模型應用場景提高應用服務的開發效率及靈活性也是充分發揮大型語言模型強大能力的重要方面。LangChain 因此而生，它正日益成為大型語言模型應用程式開發入門或提高的有益工具。基於 LangChain 開發的應用的部署方式靈活，既可以部署到伺服器中，也可以整合到 Web 互動介面中。此外，LangChain 擁有強大的社群支撐和豐富的官方文件，是目前使用非常廣泛的大型語言模型應用程式開發框架之一。

在本書中，海立和他的寫作團隊詳細介紹了 LangChain 的核心模組、元件和鏈式呼叫機制，並且透過一些大型語言模型的具體應用場景來深入闡述運用 LangChain 開發實際應用的技巧。這些應用實戰範例涵蓋了開發、部署和監控的全流程設計，充分說明基於 LangChain 大型語言模型應用程式開發框架足以開發一套擁有完整的生命週期的解決方案。

透過本書，讀者應當可以從作者的分享中深入理解 LangChain 的相關概念。本書用清晰的講解、實際的案例分析和易於理解的範例程式，幫助讀者深入理解 LangChain 的工作原理和應用場景，從而充分體會 LangChain 生態系統如何在保留靈活性和可擴充性的同時降低大型語言模型應用的開發門檻，進而推動大型語言模型在實際場景中的落地。

「紙上得來終覺淺，絕知此事要躬行。」期待讀者在閱讀完本書之後，能夠基於 LangChain 將書中的方法和技巧運用到實際的大型語言模型應用程式開發中，從而推動大型語言模型應用的落地，相信這也是海立和他的寫作團隊撰寫本書的初衷。

華東師範大學特聘教授 黃波

好書推薦

本書深入探討了 LangChain 這一大型語言模型應用程式開發框架。作者憑藉其豐富的知識和實踐經驗，為大家展現了大型語言模型發展的前端。本書不僅全面解讀了 LangChain，詳細介紹了 LangChain 的技術細節，還探討了其在實際專案中的應用，提供了對大型語言模型技術和其未來趨勢的深入思考。本書透過詳盡的案例分析和解釋，幫助讀者深入理解 LangChain 的工作原理和應用領域，為讀者提供一條全面而深入的學習路徑。無論是新手還是資深開發者，都能在本書中獲得珍貴的知識和靈感。對所有對大型語言模型應用程式開發感興趣的讀者來說，本書無疑是一份珍貴的資源。

——青雲科技研發副總裁 KubeSphere Creator 周小四

我和本書的幾位作者是在 EMQX 開放原始碼社群中熟識的，他們在相關技術領域的卓越理解和對技術的「極客精神」，讓我深感佩服，而最近他們又踏上了探索大型語言模型技術的征程。2023 年被譽為大型語言模型爆發元年，引領了一波開放原始碼社群的創新浪潮，其中，LangChain 憑藉優秀的表現脫穎而出。作者全面剖析了 LangChain 的整體框架、各組件的功能和關係，內容涵蓋了常見的應用程式開發，最後還將 LangChain 與其他開放原始碼框架進行了比較。對於渴望迅速了解和掌握 LangChain 與通用模型開發的人群，我力薦此書。

——EMQ 聯合創始人兼 CPO 金發華

本書是初學者的入門指南。無論是前端開發者、後端開發者，還是對 AI 感興趣的初學者，憑藉本書清晰的講解、實用的案例和易於理解的程式，都能深入了解 LangChain 的工作原理和應用場景。遵循書中的建議，開發者可以開發出創新和有效的解決方案，充分發揮通用人工智慧的潛力。本書不容錯過！

——中國資訊通訊研究院「汽車雲工作組」組長 馬龍飛

LangChain 在 LLM 的背景下應運而生。它不僅提供了一種高效組合和利用大型語言模型的方法，而且開啟了一扇探索人機協作新境界的大門。LangChain是一種框架，它使開發者能夠將語言處理的各個元件（如文字理解、推理、生成等）串聯起來，形成一個高效、協作工作的處理鏈。這一技術不僅簡化了複雜流程的建構，還增強了系統的適應性和擴充性，使開發者能夠快速回應不斷變化的商業需求和技術挑戰。

本書可以指導大家如何將 LangChain 技術融入實際專案。作為這一重要領域的先行者，本書作者為大家提供了一本擁有深入淺出的原理闡述、豐富的實戰案例及詳細的操作步驟的專業書籍，讓大家能夠真正掌握使用 LangChain 開發先進語言處理應用的能力。

我真誠地為每一位對人工智慧、自然語言處理和機器學習充滿熱情的讀者推薦本書。無論您是在尋求深化技術理解還是渴望應用創新解決方案，本書都將為您提供必要的知識和啟發。

——阿里雲高級技術專家 開放原始碼巨量資料 OLAP 負責人 范振

一入 LLM 深似海，若踽踽獨行，則易撞南牆。LangChain 的全景生態為開發者提供了極大的便利，它具有完整閉環的快速編碼、持續建構、即時監控等特性。更讓人眼前一亮的是，在提供可靠基礎的同時，本書還詳盡地介紹了產品試金石——LangSmith，深度推進可觀測性理念，匠人精神一覽無餘，我作為可觀測性領域從業者也由衷讚歎。

——觀測雲 Ted@ 掘金社群 觀測雲高級產品技術專家 劉剛

舊約《聖經》中，上帝為了阻止人類建造通天塔，創造了不同的語言，使人們無法自由地溝通，無法通力合作，最終無法建成通天塔。放眼當下，大型語言模型許多，各有特色，讓那些想投身 AI 開發，建立自己的 AI 應用的開發者挑花了眼，不知道要選什麼大型語言模型，如何協作不同的模型，最終踟躕不前，想像中的 AI 應用就如通天塔一樣無法建成。

在這樣的情況下，LangChain 的誕生給 AI 應用程式開發者帶來了曙光。它抽象了對底層大型語言模型的呼叫，定義了自己的工作流和語言。AI 應用程式開發者只需要和 LangChain 對話，它就會把開發者的意圖「翻譯」給不同的大型語言模型去處理。如此，開發者可以自由切換並呼叫不同的大型語言模型，而無須大量的改動，大大降低在不同大型語言模型之間試錯的成本，快速推進 AI 應用的開發。

本書的作者結合豐富的經驗，將 LangChain 這個新興的 AI 應用程式開發框架深入淺出地呈現在廣大的開發者面前。對立志投身於 AI 應用程式開發的開發者來說，本書是非常值得閱讀的 LangChain 入門書。

——某量化對沖基金 CIO　朱崢嶸

前言

在過去的十五年裡，我從 HTML5 的初探者成長為雲端原生（Cloud Native）的實踐者，最終步入通用人工智慧（Artificial General Intelligence，AGI）的時代進行探索。每個時代都有其獨特的技術特點和發展趨勢，而我始終堅信，無論時代如何變遷，將理論知識和技術應用緊密結合都是非常重要的。

在 HTML5 時代，我見證了 Web 技術的高速發展，它不僅改變了人們使用網際網路的習慣，也為後來的技術發展奠定了基礎。進入雲端原生時代後，我的研究領域擴充到了容器化、微服務、Serverless 等技術，這些技術極大地提高了軟體開發的效率和靈活性。如今，隨著通用人工智慧時代的到來，我見證了大型語言模型的崛起，它們在語言處理、影像辨識等領域展現出驚人的潛力。但與此同時，我也意識到，充分發揮這些大型語言模型的能力需要有效的應用程式開發框架來支援。LangChain 正是在這樣的背景下嶄露頭角的。

LangChain 是一個開放原始碼的大型語言模型應用程式開發框架，它不僅功能強大，而且易於學習和使用。在探索 LangChain 的過程中，我深切地感受到，無論是前端開發者還是後端開發者，無論是否具備 AI 專業知識，都可以透過 LangChain 來開發自己的應用和產品。這激發了我透過架構圖繪製、影片講解和案例分享的方式，盡可能地將 LangChain 的複雜概念和應用技巧簡化，從而將我學習到的知識和經驗傳播給更多的人的熱情。在這個過程中，我與社群成員們共同探討技術難題，交流心得。這種互動不僅使我能夠深入地理解 LangChain，更重要的是，它讓我意識到知識傳播的價值。我希望透過我的努力，能夠幫助初學者和同行更進一步地理解和應用 LangChain。

為了更進一步地向社群夥伴們傳遞 LangChain 的最新技術和應用方法，我與兩位 LangChain 同好——曹士圯、郭祖龍緊密合作，共同撰寫了本書。我們的目標是，基於 LangChain 的核心理念和功能，為讀者提供全面、深入的學習路徑。在這個過程中，我們不僅會和大家一起探索 LangChain 的開放原始碼穩定版本（0.1），也會著眼於整個 LangChain 生態系統，對其進行多維度展示。

　　我們在書中特別強調了 LangChain 的最新應用程式開發方式，例如 LCEL。這種方式不僅代表了 LangChain 技術的前端，也表現了我們對技術傳播和實用性的重視。我們致力於透過清晰的講解、實際的案例分析和易於理解的範例程式，幫助讀者深入理解 LangChain 的工作原理和應用場景。

　　透過本書，我們希望能夠激發讀者對 LangChain 的興趣，為他們提供可靠的學習資源。我們相信，無論是技術新手還是有經驗的開發者，都能從中獲得寶貴的知識和靈感，進而在自己的專案和研究中使用 LangChain 開發出具有創新性和有效的解決方案。

　　在深入閱讀本書之前，這幾點建議可能會幫助您更進一步地理解和應用書中的內容。首先，本書假設您具備基本的 Python 程式設計能力，以及在 Linux 或 macOS 系統上進行軟體安裝的基礎知識。這些技能將幫助您更順暢地理解書中的範例程式和操作步驟。其次，我們建議您採取兩個階段的閱讀方法來深化對 LangChain 的理解。

- 初步閱讀：在首次閱讀時，建議您整體瀏覽全書，了解 LangChain 生態系統的基本概念和組成部分。特別是理解各個元件在 LangChain 生態系統中的角色和功能。此時，可以初步瀏覽範例程式部分，無須深入。

- 深入閱讀：在第二次閱讀時，建議您結合範例程式深入理解 LangChain 的開發細節。您可以重點閱讀單獨介紹 LCEL 語法和 Runnable Sequence 中可用元件的相關小節，以此來有效地熟悉和掌握 LangChain 推薦的思維鏈撰寫方式。書中所有的範例程式都可以運行，您可以從 GitHub 程式庫中獲取並進行實際操作，以加深理解。

　　本書共分為 9 章，每章圍繞 LangChain 的不同方面展開，旨在提供全面而深入的指導。

　　「第 1 章　LangChain 生態系統概覽」是必讀內容，為讀者全面介紹 LangChain 生態系統的版面配置，並且透過解析一個官方的生產級應用 Chat LangChain，幫助讀者初步認識 LangChain 生態系統。

「第 2 章　環境準備」對讀者隨閱讀進行程式的撰寫來說非常關鍵，這一章的重點是 Ollama 的使用和 llama2-chinese 模型的部署。

第 3 章到第 6 章結合具體的應用場景，深入講解 LangChain 的核心模組。同時，會詳細介紹 LCEL 語法和 Runnable Sequence 中可用的 Runnable 組件。在實際撰寫程式前，建議重點閱讀這幾章。

「第 3 章　角色扮演寫作實戰」引入並講解 Model I/O 三元組的概念和應用。

「第 4 章　多媒體資源的摘要實戰」探討如何使用 LangChain 載入、處理多媒體資源中的文字內容。

「第 5 章　文件導向的對話機器人實戰」深入講解 Retriever 模組的機制和應用，同時解析檢索增強生成（Retrieval Augmented Generation，RAG）的流程及其關鍵元件。

「第 6 章　自然語言交流的搜尋引擎實戰」詳述如何利用 Agent 和思維鏈建構自然語言處理的搜尋引擎，並且介紹了 Callback 模組的功能。

「第 7 章　快速建構互動式 LangChain 應用原型」介紹如何將思維鏈快速轉化為本地和雲端應用，特別介紹了如何使用 Streamlit 和 Chainlit 框架在雲端快速發佈原型。

「第 8 章　使用生態工具加速 LangChain 應用程式開發」深入講解 3 個關鍵的生態工具——LangSmith、LangServe 和 Templates&CLI。

- LangSmith：詳細介紹 LangSmith 的功能和如何使用 LangSmith 監控 LangChain 應用。

- LangServe：詳細介紹如何將 LangChain 應用部署至 API，提高應用的可存取性和性能。

- Templates&CLI：詳細介紹如何使用應用範本和命令列介面快速啟動 LangChain 專案。

「第 9 章 我們的'大世界'」展望更廣闊的大型語言模型應用程式開發領域。本章不僅分析和比較了 LangChain、LlamaIndex、AutoGen 框架，還探討了基於 LangChain Hub 的各種應用場景和通用人工智慧的認知架構的發展。

- 大型語言模型應用程式開發框架的「你我他」：分析和比較三大框架的特點和應用場景。

- 從 LangChain Hub 看提示詞的豐富應用場景：基於 LangChain Hub，總結熱門提示詞領域及其豐富的應用場景。

- 淺談通用人工智慧的認知架構的發展：討論通用人工智慧的認知架構概念，以及其在開放原始碼和閉源發展中的現狀和趨勢。

本書中所有的範例程式及其參考資料都可以從 GitHub 程式庫中獲取。

感謝支援和幫助我們的家人們，是他們的理解和包容，才讓本書得以完成。在我們疲憊或灰心時，是家人們的關懷支持著我們繼續前行。

同時，我們也要感謝電子工業出版社的孫學瑛老師。她專業的指導幫助我們邏輯清晰地組織了本書的內容，使本書更加易讀好用。她嚴謹的工作態度和敬業精神，也激勵著我們不斷完善作品。

LangChain 是一個非常有前途和影響力的框架，它的快速發展讓所有參與者都對它充滿熱情和期待。然而，任何新事物在發展過程中都難免遇到困難。作為早期檢視者，我們的能力和經驗有限，在內容創作上也會不可避免地存在一些缺陷。如果各位讀者發現內容中有任何錯誤或不足之處，請您提出寶貴意見，我們會虛心接受、認真改進。

最後，我們由衷地感謝所有的讀者，您的支持就是我們最大的動力。我們衷心希望本書能成為您的有益工具。透過本書，我們也希望能夠幫助更多的開發者和技術同好走在技術的前端，探索和創造更多的可能。

張海立

2024 年 3 月

目錄

第 **1** 章 LangChain 生態系統概覽

第 **2** 章 環境準備

第 3 章　角色扮演寫作實戰

第 4 章　多媒體資源的摘要實戰

第 5 章　文件導向的對話機器人實戰

第 6 章 自然語言交流的搜尋引擎實戰

第 7 章　快速建構互動式 LangChain 應用原型

第 8 章　使用生態工具加速 LangChain 應用程式開發

第 9 章　我們的「大世界」

第 1 章
LangChain 生態系統概覽

作為一個大型語言模型應用程式開發導向的框架，LangChain 擁有結構完整的生態系統，經過重大調整，已經具備了涵蓋開發、部署、監控全流程的設計，如圖 1-1 所示。

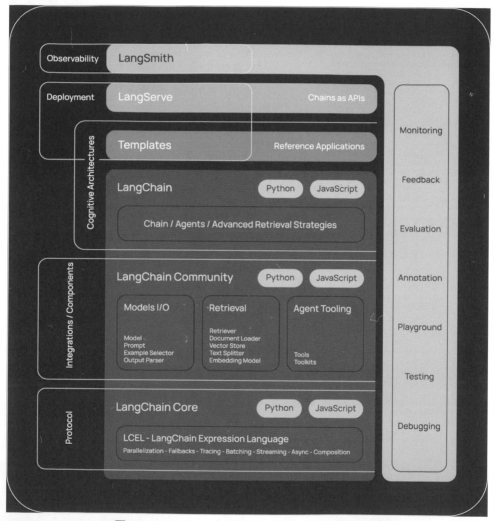

▲ 圖 1-1 LangChain 生態系統 (來源：LangChain 官網)

1.1 LangChain 生態系統的版面設定

LangChain 團隊正透過核心專案與關鍵產品，建構大型語言模型應用的全生命週期解決方案。目前，LangChain 生態系統是圍繞著 LangChain、LangServe 和 LangSmith 來打造的。

（1）以 LangChain 專案為核心的快速應用原型開發：LangChain 專案本身提供了模組化、可編排的元件。它使原型開發變得敏捷，特別是透過 Chain、Agent 等模組組合，可以實現特定用例的快速驗證。豐富的預置整合與範本不僅極大地降低了開發門檻，也提供給使用者低成本的創新嘗試通道，使用者可以透過不斷試錯推進應用程式開發。

（2）以 LangServe 專案為核心的生產級服務開發：LangServe 致力於進一步啟動這些創意，實現應用的產品化。它透過為 LangChain 應用自動生成實驗介面、服務端點等，使之可以「一鍵」部署上線。此外，其 FastAPI 底層也保證了生成服務的性能。這使應用可以輕鬆連線真實場景，收集使用者回饋，得到實際驗證。

（3）以 LangSmith 平臺為核心的全生命週期即時追蹤和監控：LangSmith 提供了全生命週期的資料與洞察。它具備日誌追蹤、監控預警等能力，幫助使用者全方位洞察應用的執行狀態，包括用例覆蓋、性能表現、使用情形等。它還提供了使用者回饋的主動收集與分析功能，借此，使用者可以有針對性地最佳化產品，使產品更加契合市場。

可以看出，這三者在應用建設的不同階段發揮著協作效應：LangChain 促進原型開發，LangServe 實現快速生產環境實作，而 LangSmith 持續最佳化產品。它們共同組成了一套擁有完整的生命週期的解決方案。透過它們的有機銜接，開發團隊可以大幅度降低建設成本，使創意更容易實現商業化。

此外，LangChain 團隊還提供了應用範本（Template）和 CLI（Command Line Interface）命令列工具。應用範本實現了官方參考應用的一鍵獲取，開發者可以基於範例應用進行延伸開發。範本庫覆蓋了問答、對話、語音辨識等多種類型的應用，可以加快開發者的學習速度。而 LangChain CLI 則提供了簡潔好用的命令列操控指令，指導使用者建構 LangChain 應用。這類工具封裝了複雜的內容，將其抽象成更容易使用的介面和指令，將 LangChain 的強大能力透過命令式互動暴露給終端使用者。

考慮到 LangChain 專案本身比較龐大，並且又在 2024 年初才正式發佈了 0.1 版本（這是對其內部結構進行的一次重要架構調整），所以我們先對其軟體套件的組織方式和核心功能模組進行整體性介紹。

1.1.1　LangChain 軟體套件的組織方式

如圖 1-1 所示，LangChain 專案目前把軟體套件主要拆分成了 3 部分：核心基礎功能軟體套件 LangChain Core、開放原始碼社群整合元件軟體套件 LangChain Community 和頂層應用邏輯軟體套件 LangChain。這樣的拆分有利於整合式元件的解耦，也讓開發者可以根據需要選擇使用不同的軟體套件。在開發層面，LangChain 提供 Python 和 JavaScript/TypeScript（JS/TS）兩種程式語言的 SDK，方便開發者建構應用。

（1）LangChain Core 包含了 LangChain 核心的資料結構抽象化及自主研發的運算式語言 LCEL（LangChain Expression Language），讓開發者可以很方便地定義各種自訂鏈。它的版本已經達到 0.1，未來的任何破壞性變更都會執行小版本升級（0.x），以確保其穩定性。這些簡單而模組化的抽象化，為第三方整合提供了標準介面。

（2）LangChain Community 是 LangChain 整合各種第三方 AI 模型和工具的地方。這部分會不斷擴充，為開發者提供豐富的工具集。同時，主要的整合（例如 OpenAI、Anthropic 等）將被進一步拆分為獨立軟體套件（例如 langchain-openai、langchain-anthropic、langchain-mistralai 等），以更進一步地組織依賴、測試和維護，這使整合程式的品質和穩定性都有所提高。目前，LangChain 擁有近 700 個整合。

（3）LangChain 部分包含了 LangChain 的各種典型鏈範本（Chain）、Agent 和搜尋演算法，是建構大型語言模型應用的基礎工具套件。開發者可以直接使用這些模組架設應用，然後基於 LangChain Core 自訂鏈的方式進行擴充。

這個軟體套件組織架構可以使整個 LangChain 生態系統的模組更加獨立，職責更加明確。它提高了核心基礎功能部分的穩定性，減少外部依賴，使維護更加容易。同時，它強化了生態系統內專案間的互動與協作。

LangChain 生態系統中還會有一些具有實驗性的內容，這些內容會透過 langchain-experimental 軟體套件進行發佈。它承載了前端的 Chain、Agent 等模組，這些模組通常具有以下特點。

（1）更富探索性，代表了 LangChain 的一些新想法。

（2）存在風險，比如會帶來一定的安全隱憂。

將這些具有實驗性的內容整合到單獨的套件中，有利於其與核心框架解耦。它可以給予開發者更大的探索空間，同時在語義上明確了這部分內容的不穩定性。開發者可以根據自身的風險偏好，自主決定是否啟用這些新功能。

在開發語言層面，Python 和 JavaScript 作為 LangChain 生態系統的兩大支柱，也會在核心抽象層面趨於統一，在整合與應用層面保持一定的靈活性。

（1）LangChain Core 在兩種語言之間已經高度對等，保持功能一致是長期的重點工作。

（2）由於 LangChain Community 承載第三方整合的特性，因此兩個語言套件的功能覆蓋不完全相同，會由各自的路線圖決定。

（3）LangChain 軟體套件處於兩者之間，長期的目標是希望具有較高的跨語言相容性。

　　整體上，LangChain 軟體套件的組織方式使 LangChain 生態系統呈現出「上有策略（LangChain）、下有基石（LangChain Core）」的局面。「策略」與「基石」相輔相成，再加上社群（LangChain Community），三者共同驅動著應用的繁榮。值得期待的是，在不久的將來，會有越來越多的大型語言模型應用架構、工具和點對點解決方案建構於此架構之上。

1.1.2　LangChain 核心功能模組概覽

　　LangChain 各個軟體套件內部的核心功能模組如圖 1-2 所示。請留意圖中的虛線箭頭，它代表資料流程轉方向，實線箭頭則代表模組之間常見的呼叫關係。

　　核心基礎功能軟體套件包括基礎資料結構和 LCEL。LangChain 的基本資料結構被設計為盡可能模組化和簡單。這些抽象的資料結構包括大型語言模型、文件載入器、向量化模型、向量儲存、檢索器等。擁有這些抽象資料結構的好處是任何開發者都可以實現所需的介面，輕鬆地在 LangChain 的其餘部分中使用。

　　LCEL 是 LangChain 生態系統中非常重要的輕量級的私有運算式語言，它用於連接 LangChain 中的提示詞範本、大型語言模型、格式化輸出、文件檢索等不同的模組，形成自訂呼叫鏈。借助 LCEL，開發者可以結合應用需求，靈活組合各類別模組以實現自訂邏輯。LCEL 不僅降低了學習 LangChain 的成本，也提升了 LangChain 框架的可程式化性。此外，基於 LCEL 編排的自訂呼叫鏈具有統一的呼叫介面，支援包括並行、串流處理、非同步呼叫等在內的各種使用方式，這為 LangChain 應用的使用及部署，特別是透過 LangServe 實現介面服務化，提供了極大便利。基於 LCEL 編排的自訂呼叫鏈還與 LangSmith 無縫整合，從而具有一流的可觀察性。LangSmith 幫助開發者了解基於 LCEL 編排的自訂呼叫鏈中各個步驟的確切順序是什麼、輸入到底是什麼及輸出到底是什麼，使基於 LCEL 編排的自訂呼叫鏈的開發偵錯效率大大提高。

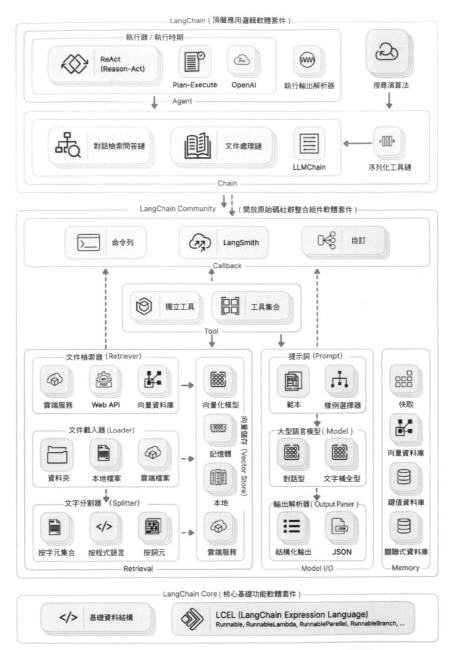

▲ 圖 1-2 LangChain 各個軟體套件內部的核心功能模組

開放原始碼社群整合元件軟體套件包含了多個核心功能模組，包括 Model I/O、Retrieval、Memory、Tool 和 Callback。

（1）Model I/O 模組是與大型語言模型輸入 / 輸出相關的核心模組，它具有 3 個子模組，可以實現靈活的模型整合。

- 提示詞（Prompt）模組用於建構向大型語言模型提供的提示詞，主要提供範本和樣例選擇器兩個主要功能。範本可以預先定義提示詞結構，實現提示詞的重複使用。範本內可以插入變數，根據執行時期條件生成不同的提示詞，大大簡化了提示詞的撰寫過程。樣例選擇器可以在提示詞目錄中挑選合適的提示詞。比如根據模型類型、目標任務等條件選擇提示詞，或從範例集合中選取適合的樣本。

- 大型語言模型（Model）模組提供與大型語言模型相關的功能。考慮到不同供應商之間的差別，它提供了對話（Chat）和文字補全（LLM）兩類模型。對話模型專門用於對話，文字補全模型則針對文字生成任務。不同供應商提供的模型類型不同，這種區分隔離了模型使用的差異。

- 輸出解析器（Output Parser）模組提供各種輸出解析器，它將模型輸出轉為結構化格式，方便程式處理。常用的解析器包括 JSON、CSV、結構化文字等。某些解析器還會傳回回饋提示詞，提高後續互動的格式化效果。

（2）Retrieval 模組實現對知識來源的查詢與組織，它具有 4 個子模組，可以協作為模型提供外部知識。

- 文件檢索器（Retrieval）模組提供從向量資料庫檢索相關文件的功能。它可以直接基於向量檢索，也可以結合外部知識庫、Web API 等進行檢索，只要能傳回相關文件，就可以滿足下游需求。

- 文件載入器（Loader）模組從各種來源獲取文件。它支援本地檔案、網路爬蟲等。不同來源的文件可以被統一載入到系統中。

- 文件需要考慮向量化模型的長度限制，往往需要對超長文件進行拆分。文字分割器（Splitter）模組提供了按文字長度、程式結構、標點符號等不同的拆分方法。

- 向量儲存（Vector Store）模組由向量化模型和各類向量資料庫（例如記憶體、本地、雲端服務資料庫等）組成。文件首先由向量化模型轉化為向量，然後儲存到資料庫中。向量儲存包括記憶體向量儲存、自建向量引擎、雲端向量服務等。不同媒體的查詢性能和運行維護需求不同。

（3）Memory 模組記錄對話模型的歷史對話資訊，這為建構連續對話流程提供了支援。Memory 模組提供了基於記憶體、資料庫等不同媒體的儲存方式。除儲存外，Memory 模組還提供將歷史資訊回饋給模型的功能。

（4）Tool 模組提供了豐富的預置工具，可以幫助開發者連線本地和 Web 服務，從而幫助開發者透過 Tool 模組擴充 Agent 的功能，降低開發複雜對話系統的難度。值得注意的是，在自訂的 Tool 中是完全可以呼叫 LangChain 的各個功能模組的，例如呼叫 Model I/O 和 Retrieval 模組，甚至可以直接呼叫 Chain 和 Agent 模組。

（5）Callback 模組提供鉤子註冊模型執行過程中的關鍵節點，常用於日誌記錄、性能測量等。Callback 模組支援列印日誌、視覺化工具整合等。開發者可以方便地訂製 Callback 模組以整合其他後端。

這幾個模組建構了 LangChain 的基礎模組能力，同時，LangChain 還提供了豐富的擴充元件庫。社群元件庫中的整合元件實現了對 LangChain 基礎模組能力的擴充和增強，開發者可以根據應用場景進行整合，並且這些元件是開放的，支援開發者和第三方貢獻新的元件。這種可擴充的設計，有利於 LangChain 快速豐富元件種類，也使社群協作變得更容易。

在頂層應用邏輯軟體套件中，LangChain 針對常見場景實現了一套 Off-the-Shelf（既有即用的）應用元件，包括對話管理、多輪互動、語義解析等。這些元件已預置在 LangChain 中，開發者在簡單匯入後，即可快速架設如對話機器人、文件總結問答等應用原型。

（1）Chain 模組實現不同模組組合的工作流程，它將 Model I/O、Retrieval、Memory 有機結合。Chain 模組提供了靈活的方式組織內部的呼叫鏈。幾個典型的 Chain 包括：結合對話模型和 Memory 模組，建構階段能力；結合 Retrieval 模組和 Model I/O 模組實現私域知識問答等。

（2）Agent 模組透過組合內部 Chain 和外部函數，實現更複雜的情景化對話流程。它包含多種執行器和執行模式，例如它可以使用 ReAct（Reason-Act）等推理模式定義複雜任務的步驟，並且與模型互動完成；也可以使用 OpenAI 等大型語言模型接受函數清單，讓模型隨選呼叫，實現函數驅動的執行流程。

LangChain 支援很多不同的檢索演算法，高級檢索演算法模組透過 Chain 模組或 LCEL 自訂呼叫鏈實現一系列開箱即用的複雜檢索邏輯，比較有代表性的高級檢索演算法如下。

（1）父文件檢索器（Parent Document Retriever）：它允許為每個父文件建立多個向量表達，從而允許開發者查詢較小的區塊，但傳回更大的上下文。

（2）多維度檢索器（MultiVector Retriever）：有時開發者可能希望從多個不同的來源檢索文件，或使用多個不同的演算法。多維度檢索器可以幫助開發者更輕鬆地做到這一點。

可以特別留意的是，頂層應用邏輯軟體套件中的模組通常是透過呼叫或串聯開放原始碼社群整合元件軟體套件中的模組來實現其功能邏輯的，並且這些模組基本上都可以透過 Callback 模組提供的鉤子來掛載額外的輔助業務邏輯。

整體來說，LangChain 生態系統目前已經初步形成了一套從原型開發到生產部署的全流程方案。它主要提供了 Off-the-Shelf 既有即用和 LCEL 可程式化兩種使用方式，前者透過匯入就能快速體驗，後者則可以實現更精細的控制。開發範本庫幫助開發者快速生成應用原型底座，LangServe 將應用鏈快速部署為服務，LangSmith 平臺保證了應用的可觀測性。LangChain 生態系統降低了開發門檻，也保留了靈活擴充的可能性。這套設計思想值得我們學習參考，有助推動大型語言模型在實際場景中的實作應用。

1.2 從 Chat LangChain 應用看生態實踐

　　LangChain 生態系統為建構 AI 應用提供了模組化、可組合的工具鏈，從而支援快速迭代開發流程。為了展示生態系統的功能，LangChain 團隊發佈了一個名為 Chat LangChain 的範例應用，它的執行介面及查詢結果介面如圖 1-3 和圖 1-4 所示。

▲ 圖 1-3 Chat LangChain 的執行介面

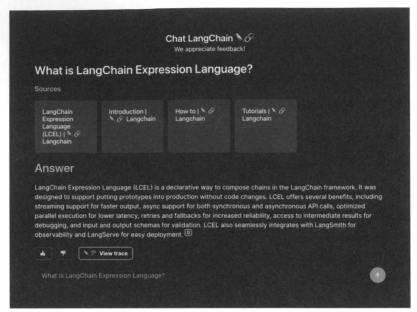

▲ 圖 1-4 Chat LangChain 的查詢結果介面

　　Chat LangChain 是一個知識問答聊天機器人,它完全基於 LangChain 生態系統中的元件建構。透過該範例應用,我們可以清晰地看到 LangChain 生態系統中的元件是如何協作工作的。比如,LangChain 提供了強大的大型語言模型與檢索能力,LangServe 支援模型服務化,LangSmith 實現了評估與最佳化。可以說,Chat LangChain 展示了一個從資料來源到可部署的 AI 應用的建構方案。下面我們結合 Chat LangChain 的原始程式碼為大家簡要拆解這個應用,幫助大家更直觀地認識 LangChain 生態系統中的元件,而更多的細節將在後面的章節中逐一展開。

1.2.1 讀取和載入私域資料

　　Chat LangChain 的核心是 LangChain 生態系統中的三大支柱:LangChain 開放原始碼類別庫、LangServe 和 LangSmith。LangChain 開放原始碼類別庫整合了各種資料載入和處理工具,比如 Chat LangChain 首先使用了 SitemapLoader 和

RecursiveUrlLoader 來抓取相關文件頁面並將它們轉為 Document 類型的資料結構。

對於 Python 文件這樣結構化的知識來源，我們可以利用網站地圖（Sitemap）來自動載入相關頁面。Chat LangChain 先透過 SitemapLoader 解析 sitemap.xml 檔案來抓取所有網站相關文件頁面的連結，再透過自訂的 HTML 解析器來提取文字內容和詮譯資訊。這部分的核心原始程式碼大致如下。

```
docs = SitemapLoader(
    "https://python.langchain.com/sitemap.xml",
    filter_urls=["https://python.langchain.com/"],
    parsing_function=langchain_docs_extractor,
    default_parser="lxml",
    bs_kwargs={
        "parse_only": SoupStrainer(
            name=("article", "title", "html", "lang", "content")
        ),
    },
    meta_function=metadata_extractor,
).load()
```

而對於 API 參考文件這樣沒有網站地圖的文件來源，我們可以使用 RecursiveUrlLoader。它會從指定起始 URL 開始，透過遞迴爬取子頁面來載入文件樹。我們只需要設定過濾規則和解析器，就可以匯入整個 API 參考文件，對應的核心原始程式碼大致如下。

```
api_ref = RecursiveUrlLoader(
    "https://api.python.langchain.com/en/latest/",
    max_depth=8,
    extractor=simple_extractor,
    prevent_outside=True,
    use_async=True,
    timeout=600,
    check_response_status=True,
    exclude_dirs=(
        "https://api.python.langchain.com/en/latest/_sources",
        "https://api.python.langchain.com/en/latest/_modules",
```

```
    ),
).load()
```

SitemapLoader 和 RecursiveUrlLoader 使我們可以根據網站特性選擇合適的
載入策略。兩者可以有效載入結構化文件來源，為後續的索引與檢索打下基礎。

1.2.2 資料前置處理及儲存

載入原始文字文件之後，需要進行前置處理來讓它們變得更適合檢索。
首先，一些長頁面包含大量無關內容，這會降低向量相似性搜尋的效果。所以
Chat LangChain 使用 RecursiveCharacterTextSplitter 將頁面劃分成固定大小的文字
區塊，並且有一定的重疊部分以保證上下文的完整性。

```
transformed_docs = RecursiveCharacterTextSplitter(
    chunk_size=4000,
    chunk_overlap=200,
).split_documents(docs + api_ref)
```

之後，Chat LangChain 透過 OpenAI 的向量化模型針對每一個文字區塊生成
定長向量。這些高品質的語義向量才是檢索的基礎。最後，將向量和對應的文
字區塊詮譯資訊儲存到 Weaviate 向量資料庫中。Weaviate 提供了高效的向量索
引和搜尋介面。

```
embedding = OpenAIEmbeddings(chunk_size=200)
vectorstore = Weaviate(
    client=client,
    index_name=WEAVIATE_DOCS_INDEX_NAME,
    text_key="text",
    embedding=embedding,
    by_text=False,
    attributes=["source", "title"],
)
```

到這裡，Chat LangChain 已經為 LangChain 官方的 Python 文件和 API 參考
文件建立了一個可查詢的向量儲存索引。

1.2.3 基於使用者問題的資料檢索

很多時候，使用者的問題本身比較短小模糊，需要考慮上下文來理解使用者真正的查詢意圖。因此 Chat LangChain 會先呼叫一個鏈路來改寫原始問題。具體來說，Chat LangChain 會查看之前的聊天記錄，試著把當前問題與上下文組合，生成一個更長更完整的版本。

```
# 改寫使用者問題的 LCEL 思維鏈
condense_question_chain = (
    PromptTemplate.from_template(REPHRASE_TEMPLATE)
    | llm
    | StrOutputParser()
).with_config(
    run_name="CondenseQuestion",
)
# 基於使用者問題來檢索資料（即匹配的 Python 文件內容）的 LCEL 思維鏈
retriever_chain = condense_question_chain | retriever
```

在建構思維鏈的部分，Chat LangChain 透過 LCEL 運算式（簡單地說，就是由 | 操作符號串聯起來的運算式）高效而簡潔地串聯了提示詞範本、大型語言模型和輸出解析器等模組。提示詞範本控制了呈現聊天歷史和原始問題的呈現方式，大型語言模型負責文字生成與改寫，輸出解析器提取結果字串。經過這一鏈路，一個補充了上下文的新問題就產生了。

之後，Chat LangChain 以這個新問題為查詢敘述，進行向量檢索，查詢相關文件。適當改寫使用者的問題對後續精確檢索來說是非常重要的，Chat LangChain 在這裡透過兩個 LCEL 運算式實現了從原始問題到搜尋查詢的完整最佳化過程。

1.2.4 基於檢索內容的應答生成

檢索出相關文件後，還需要智慧地組織內容以產生回答，這就是檢索增強生成（Retrieval Augmented Generation，RAG）。它結合了搜尋與原創性內容生成的優點。

RAG 的核心工作流程是：首先，將使用者的問題和語料庫進行匹配，找到相關文字部分，這是借助 Weaviate 向量資料庫完成的；然後，將使用者問題、對話歷史記錄，以及檢索結果一起提供給大型語言模型，讓它根據這些內容創作出一個語言順暢、有依據的回答。我們會在 5.3 節中詳細介紹 RAG 的相關內容。

在 Chat LangChain 中，完整的 RAG 鏈路大致是這樣實現的。

```python
# 透過 LCEL 的 RunnableMap 物件並行地準備上下文資料：檢索結果、使用者問題、對話歷史記錄
_context = RunnableMap(
    {
        "context": retriever_chain | format_docs,
        "question": itemgetter("question"),
        "chat_history": itemgetter("chat_history"),
    }
).with_config(run_name="RetrieveDocs")
# 為 Chat Model 準備提示詞範本，其中包括系統提示詞和歷史對話記錄
prompt = ChatPromptTemplate.from_messages(
    [
        ("system", RESPONSE_TEMPLATE),
        MessagesPlaceholder(variable_name="chat_history"),
        ("human", "{question}"),
    ]
)

# 透過 LCEL 語法建構 RAG 思維鏈
response_synthesizer = (prompt | llm | StrOutputParser()). with_config(
    run_name="GenerateResponse",
)
# 透過 LCEL 語法建構最後的應答鏈：將上下文資料作為 RAG 思維鏈的輸入
answer_chain = _context | response_synthesizer
```

如此一來，大型語言模型既可以利用外部知識，也可以自己進行推理，從而創作出內容豐富、可信的回答。有文件來源作為依據也可以避免生成不存在的內容。

1.2.5 提供附帶中間結果的流式輸出

對聊天機器人這樣的應用，通常非常看重首次回應時間的指標——也就是從使用者發送問題到看到第一個回覆之間的時間。為了讓等待時間更短，需要使用非同步並行的鏈路架構。Chat LangChain 透過 LCEL 的 Runnable 協定提供的 astream_log 方法來建立非同步生成器，以並行執行鏈路，即時產生中間結果輸出串流。

```
stream = answer_chain.astream_log(
    {
        "question": question,
        "chat_history": converted_chat_history,
    },
    config={"metadata": metadata},
    include_names=["FindDocs"],
    include_tags=["FindDocs"],
)
```

於是在與 Chat LangChain 的對話中，聊天使用者端可以透過這個串流介面，即時顯示檢索出的文件，在回覆可用時立即推送給使用者，無須等待整個鏈路完全結束。這樣，使用者在提問後就可以第一時間看到相關資訊，同時背景繼續生成完整回覆，最佳化了互動體驗。LangChain 的 LCEL 語法和相關協定介面使非同步與即時輸出成為可能，是建構使用者友善應用的重要介面，我們也會在後面的章節中重點介紹。

至此，Chat LangChain 透過 LangChain 開放原始碼類別庫完成了業務邏輯的撰寫，讀者可以在這個應用的開源始程式庫中找到相關的完整程式（建議優先查閱根目錄下的 chain.py、ingest.py、main.py 這 3 個包含核心流程的原始程式碼檔案）。

1.2.6 思維鏈的服務化和應用化

基於文件的問題推理邏輯已經建構完成，接下來還需要將思維鏈變成 Web API 服務，從而搭配前端，正式建構一個網頁端可用的 AI 應用。

於是，LangServe 登場了。LangServe 提供了生產環境上線 LangChain 應用導向的重要支援。LangServe 可以將 Chat LangChain 從單機程式提升為具備標準 REST 介面的線上服務。在 Chat LangChain 的原始程式碼中（詳見 main.py 檔案），我們可以清晰地看到對 LangServe 的使用。

```python
from fastapi import FastAPI
from fastapi.middleware.cors import CORSMiddleware
from langserve import add_routes

from chain import ChatRequest, answer_chain

# 建構 FastAPI 應用服務
app = FastAPI()
app.add_middleware(
    CORSMiddleware,
    allow_origins=["*"],
    allow_credentials=True,
    allow_methods=["*"],
    allow_headers=["*"],
    expose_headers=["*"],
)

# 透過 LangServe 將文件問答鏈綁定到服務的 /chat 路徑上，並且提供標準化的呼叫介面
add_routes(
    app, answer_chain, path="/chat", input_type=ChatRequest, config_keys= ["metadata"]
)
```

在 LangServe 的加持下，Chat LangChain 的應用部署架構可以實現經典的前後端分離結構。

前端是一個 Next.js 聊天介面，使用了 Vercel 平臺出品的 LangChain Starter

範本快速實現核心互動邏輯。Next.js 建構的 Web 應用可以一鍵部署到 Vercel 等平臺。

後端是 FastAPI，它封裝了問答鏈的具體實現，提供聊天介面給前端呼叫。同時，LangServe 負責連接 FastAPI，並且為其賦予統一的 LangChain 應用連結通訊埠（LangServe 支援在同一服務的不同路徑下託管多個應用鏈）。

這套前後端設計完全契合了 Chat LangChain 的需求。Next.js 承載即時互動，FastAPI 和 LangServe 組合在一起提供穩定擴充的問答服務。兩者相互配合，可以支援大規模使用者聊天。

借助 LangServe，Chat LangChain 可以從試驗型的本地應用轉變成真正的產品級應用，為後續增加更多能力、擴充使用者規模建立了堅實基石。我們也會在後面的章節中為大家詳細介紹 LangServe 的使用方式。

1.2.7 追逐生產環境的調研鏈和指標

LangSmith 為 Chat LangChain 提供了 LangChain 應用導向的全生命週期的執行管理功能。在 Chat LangChain 從原型建構到生成使用的整個過程中，LangSmith 可以記錄執行資料、評分、使用者回饋及服務執行指標資料，這些都能成為最佳化 Chat LangChain 的寶貴資料。

在本地嘗試運行 Chat LangChain 時，可以透過設定本地環境變數的方式將應用連線 LangSmith。

```
export LANGCHAIN_TRACING_V2=true
export LANGCHAIN_ENDPOINT="https://api.smith.langchain.com"
export LANGCHAIN_API_KEY=<Your LangSmith API Key>        # 從 LangSmith
平臺獲取您的 API Key
export LANGCHAIN_PROJECT=<Your LangSmith Project Name>    # 可不填，預設為
default 專案
```

連線 LangSmith 後，開發者在本地執行的 Chat LangChain 上的每一次調研都可以透過 LangSmith 追蹤完整的調研鏈路，如圖 1-5 所示。

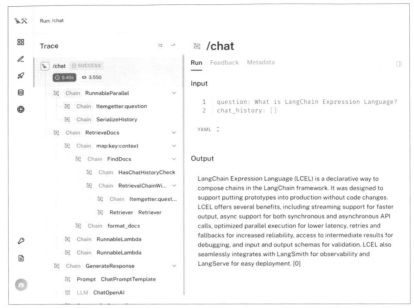

▲ 圖 1-5 透過 LangSmith 平臺追蹤完整的調研鏈路

　　當然，在將 Chat LangChain 部署到生產環境後，LangSmith 還可以追蹤各種關鍵業務指標。例如透過記錄每次問答的執行日誌，LangSmith 可以計算出「獲取第一個詞元的時間」（Time-to-First-Token）這一關鍵互動指標，如圖 1-6 所示，開發者可以檢查它的分佈、異常情況等，以此評估使用者體驗。

　　另外，LangSmith 還可以聚合鏈路執行成功率（Trace Success Rates），如圖 1-7 所示，以及使用者回饋分數、詞元使用數量等其他指標。對這些指標進行組合分析，開發者可以更加了解服務的穩定性和品質水準。

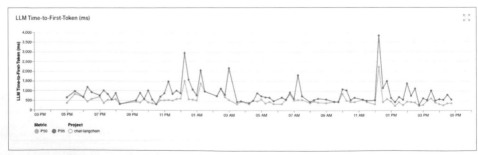

▲ 圖 1-6 Chat LangChain 連線 LangSmith 監控 Time-to-First-Token 指標

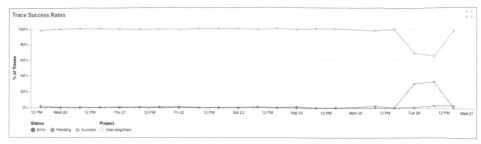

▲ 圖 1-7 Chat LangChain 連線 LangSmith 監控鏈路執行成功率指標

在發現問題後，開發者還可以深入調研 LangSmith 中記錄的具體執行情況，確定是資料、模型還是程式的問題，有針對性地提高系統性能。可以說，LangSmith 為 LangChain 應用的迭代更新與模型運行維護提供了不可或缺的分析支撐。它使開發者能基於資料最佳化 LangChain 應用，推動產品不斷進步。

隨著大型語言模型能力的提升，LangChain 生態系統必將成長為建構 AI 應用的基礎設施。類似於 Chat LangChain 的便於延伸開發的預製應用也會越來越多，開發者可以像搭積木一樣建立自己的 AI 解決方案，這也是 LangChain 團隊對廣大開發者提供 Templates 範本庫的初衷，我們會在後面介紹它的使用。

整體來說，Chat LangChain 是一個很好的範例，透過它我們可以一窺 LangChain 整個技術系統的風采。在未來，AI 應用的建構離不開這樣的生態工具的支援，所以學習和掌握 LangChain 生態系統是 AI 應用領域的開發者的入門必修課。

2

第 2 章
環境準備

理解和運用大型語言模型是當今人工智慧領域最令人振奮的發展方向之一。在本書中，我們將深入探討 LangChain 的各個方面，並且提供大量的範例，以幫助讀者更進一步地理解和應用這一強大的工具。

在開始探索 LangChain 之前，我們先介紹一下推薦的實驗環境。良好的實驗環境對順利進行範例程式的撰寫和執行至關重要。在這裡，推薦大家使用 Linux 或 macOS 作業系統，以及以下這些軟體來建構實驗環境，本書接下來的範例內容也將圍繞這些內容展開。

（1）整合式開發環境（IDE）：VS Code。VS Code 是一款開放原始碼的功能強大的整合式開發環境，提供了豐富的編輯和偵錯功能，讓使用者能夠高效率地撰寫程式並輕鬆管理專案。

（2）互動式實驗環境：Jupyter Notebook。Jupyter Notebook 是一個開放原始碼的互動式計算環境，它允許使用者建立和共用包含程式、文字、影像和其他富媒體內容的文件。Jupyter Notebook 提供了豐富的資料分析和視覺化工具，使資料科學家和分析師可以方便地進行資料處理、分析和視覺化工作。

（3）實驗環境程式語言：Python。Python 是一門簡潔而強大的程式語言，被廣泛應用於資料科學、機器學習等領域，目前 LangChain 支援 Python 和 JS/TS 兩類 SDK，而 Python SDK 的成熟度和第三方元件的充實度更高，因此是我們開啟 LangChain 之旅的理想選擇。

（4）大型語言模型推理（本地）服務：Ollama。Ollama 是一個跨平臺（Linux/macOS/ Windows）的工具軟體，可以讓使用者在本地電腦上執行大型語言模型。它簡化了利用開放原始碼大型語言模型提供推理介面的過程，並且提供與這些模型進行互動的使用者友善的介面。

（5）大型語言模型：Llama 2 13B。Llama 2 由 Meta Platforms（原 Facebook）公司發佈，它提供文字、對話補全和向量化（Embedding）的全方位能力，非常適合用於基於大型語言模型的應用探索。由於 Llama 2 本身的中文對齊比較弱，因此我們使用經過中文指令集微調的 llama2-chinese 版本模型，從而在一定程度上提升我們實驗中的中文對話能力。

（6）【備用】大型語言模型：Mistral 7B。Mistral 7B 是一個具有 73 億參數的模型（預設支援 8192 個 Token 的上下文長度），是目前規模小但性能強大的大型語言模型之一。在常識推理、世界知識、閱讀理解、數學和程式等各個主題的基準測試中，目前 Mistral 7B 的性能明顯優於 Llama 2 13B，與 Llama 3 4B 相當。

下面我們進一步介紹整個實驗環境建構過程中的重點步驟。

2.1　在 **VS Code** 中開啟並使用 **Jupyter Notebook**

VS Code 作為一個免費、開放原始碼、跨平臺的編輯器，提供了對 Jupyter Notebook 的良好支援，非常適合架設 Python 實驗環境。我們可以在 VS Code 的擴充市場中搜尋並安裝 Python 擴充，讓 VS Code 對 Python 提供智慧程式補全、語法反白、偵錯等功能。

安裝好 VS Code 和 Python 擴充後，我們就可以建立一個 Jupyter Notebook 來執行 Python 程式了。在 VS Code 中選擇「檔案」→「新建檔案」→「Jupyter Notebook」命令，即可建立一個新的 Notebook。Notebook 由可以執行 Python 程式的 Code Cell 和可以顯示執行結果的 Markdown Cell 組成。為了執行 LangChain，我們需要匯入必要的模組，可以在 Code Cell 中輸入以下程式。

```
pip install langchain langchain-core langchain-community
```

這樣就可以開始使用 LangChain 模組了。建立好 Notebook 後，按一下頂部的「執行」按鈕或按 Shift+Enter 複合鍵就可以執行當前 Code Cell 中的程式並看到結果。

接下來我們需要設定 VS Code 的 Python 解譯器。在 VS Code 中選擇「視圖」→「命令面板」命令，在輸入欄中輸入「Python: Select Interpreter」並按

Enter 鍵來選擇解譯器（Interpreter）。在彈出的視窗中我們可以看到已經安裝的
Python 解譯器清單，選擇我們需要的那個即可。最後將 Jupyter 的核心設定為當
前的 Python 解譯器：按一下 VS Code 底部狀態列中「Python: ×××」旁的火箭
圖示，在彈出的下拉清單中選擇「設定 Jupyter 核心」選項，然後在彈出的視窗
中選擇需要使用的 Python 版本。

　　這樣，一個簡單的 Python 實驗環境就設定完成了。我們可以在 Notebook 中
匯入必要的模組，透過程式單元來逐步使用 LangChain。例如我們可以撰寫以下
程式。

```
from langchain_core.callbacks.manager import CallbackManager
from langchain_core.callbacks.streaming_stdout import
StreamingStdOutCallbackHandler
from langchain_community.llms import Ollama

llm = Ollama(
    model="llama2", callback_manager=CallbackManager
([StreamingStdOutCallbackHandler()])
)
llm("Tell me about the history of AI")
```

2.2 　透過 python-dotenv 隱式載入環境變數

　　在實驗過程中，我們通常需要使用一些第三方服務的金鑰或權杖來存取
API，這些金鑰資訊非常敏感，不能直接暴露在程式中。python-dotenv 提供了一
種更安全的方式來管理這些環境變數。首先，安裝 python-dotenv。

```
pip install python-dotenv
```

在專案根目錄下建立一個副檔名為 .env 的檔案，設定環境變數。

```
API_KEY=sk-****************
```

這裡使用 API_KEY 泛化了環境變數名稱，此處可以是任意第三方服務的金
鑰。在程式中載入這個環境變數。

```
import os

from dotenv import load_dotenv

load_dotenv() # 讀取環境變數檔案
api_key = os.getenv('API_KEY') # 獲取環境變數
```

dotenv 會讀取 .env 檔案中的環境變數，我們可以透過 os.getenv 方法獲取變數值。

需要注意的是：不要將 .env 檔案提交到程式庫中，應增加到 .gitignore 檔案中。一般我們可以透過 .env.example 檔案來提供所有環境變數的鍵名。

透過 python-dotenv 隱式載入環境變數可以極佳地將金鑰資訊與程式分離，避免密碼洩漏，也提高了環境變數的靈活性，不同部署可以使用不同的 .env 檔案。

2.3　使用 Ollama 載入大型語言模型

使用 Ollama 載入大型語言模型可以讓我們在本地裝置上進行互動式的對話和探索，而無須依賴網際網路連接。下面是使用 Ollama 載入大型語言模型的基本步驟。

首先，可以在 Ollama 的官方主頁（或在 GitHub 中搜尋「jmorganca/ollama」）下載 Ollama 並進行安裝。安裝完成後，可以打開作業系統中的終端軟體。

在終端軟體中，可以使用以下命令來載入 Llama 2 13B 模型。

```
ollama pull llama2-chinese:13b
```

載入完成後，Ollama 即可在本地提供大型語言模型推理服務的存取介面（之後 LangChain 會完成介面對接）。

使用 curl 命令透過 Ollama 建立的本機服務來測試介面的連通性。

```
curl -X POST http://localhost:11434/api/generate -d '{
  "model": "llama2-chinese:13b",
  "prompt":" 為什麼天空是藍色的 "
}'
```

{"model":"llama2-chinese","created_at":"2023-10-31T10:14:30.770815Z",
"response":"\n","done":false}
  {"model":"llama2-chinese","created_at":"2023-10-31T10:14:30.924961Z",
"response":" 這 ","done":false}
  {"model":"llama2-chinese","created_at":"2023-10-31T10:14:31.079489Z",
"response":" 是 ","done":false}
  {"model":"llama2-chinese","created_at":"2023-10-31T10:14:31.233708Z",
"response":" 一 ","done":false}
  {"model":"llama2-chinese","created_at":"2023-10-31T10:14:31.388251Z",
"response":" 個 ","done":false}
  {"model":"llama2-chinese","created_at":"2023-10-31T10:14:31.544212Z",
"response":" 有 ","done":false}
  {"model":"llama2-chinese","created_at":"2023-10-31T10:14:32.008554Z",
"response":" 趣 ","done":false}
  {"model":"llama2-chinese","created_at":"2023-10-31T10:14:32.163684Z",
"response":" 的 ","done":false}
  {"model":"llama2-chinese","created_at":"2023-10-31T10:14:32.318693Z",
"response":" 問 ","done":false}
  {"model":"llama2-chinese","created_at":"2023-10-31T10:14:32.473847Z",
"response":" 題 ","done":false}
  {"model":"llama2-chinese","created_at":"2023-10-31T10:14:32.646698Z",
"response":" 。","done":false}
  {"model":"llama2-chinese","created_at":"2023-10-31T10:14:33.1237Z",
"response":" 盡 ","done":false}
  {"model":"llama2-chinese","created_at":"2023-10-31T10:14:33.281128Z",
"response":" 管 ","done":false}
  {"model":"llama2-chinese","created_at":"2023-10-31T10:14:33.441999Z",
"response":" 不 ","done":false}
  {"model":"llama2-chinese","created_at":"2023-10-31T10:14:33.598577Z",
"response":" 確 ","done":false}
  {"model":"llama2-chinese","created_at":"2023-10-31T10:14:33.771413Z",
"response":" 定 ","done":false}
  {"model":"llama2-chinese","created_at":"2023-10-31T10:14:33.965286Z",
"response":" 天 ","done":false}

```
{"model":"llama2-chinese","created_at":"2023-10-31T10:14:34.134569Z",
"response":" 空 ","done":false}
{"model":"llama2-chinese","created_at":"2023-10-31T10:14:34.3049Z",
"response":" 的 ","done":false}
……
```

也可以使用下面的命令開始與模型進行對話：先輸入問題或指令，然後按下 Enter 鍵，模型將生成回答並顯示出來。

```
ollama run llama2-chinese:13b
>>> Send a message (/? for help)
```

第 3 章
角色扮演寫作實戰

3

角色扮演寫作是 LangChain 的典型應用場景。隨著大型語言模型技術的進步，基於人工智慧的自動化寫作工具層出不窮，各種「AI 寫手」應運而生。這類工具最大的優勢在於，使用者只需要提供關鍵字或樣例，就可以透過 AI 生成需要的文章內容。

例如在日常工作中，我們常常需要撰寫產品介紹、新聞稿、部落格文章等內容。這些內容的語言通常比較範本化，但是人工撰寫需要一定的時間成本。這時使用 AI 寫作工具就可以大大提高工作效率。使用者只需要提供標題、主題詞等關鍵資訊，AI 寫作工具就可以即時生成一篇通順流暢的文章。

在 LangChain 中，我們只需要使用一個大型語言模型，以及一個提示詞範本即可實現這一功能。提示詞範本允許我們建構包含關鍵字的提示敘述，讓大型語言模型基於此生成所需文章。它還可以使我們輕鬆重複使用提示詞，只要每次替換關鍵字就可以生成不同文章。

3.1　場景程式範例

下面我們來看一個實際的例子——製作一個「技術部落客」寫作幫手。

```
from langchain_core.prompts import ChatPromptTemplate
from langchain_core.output_parsers import StrOutputParser
from langchain_community.chat_models import ChatOllama

# 設定系統上下文，建構提示詞
template = """請扮演一位資深的技術部落客，您將負責為使用者生成適合在微博發佈的中文文章。
請把使用者輸入的內容擴充成 140 個字左右的文章，並且增加適當的表情符號使內容引人入勝並表現專
業性。"""
prompt = ChatPromptTemplate.from_messages([("system", template), ("human",
"{input}")])

# 透過 Ollama 載入 Llama 2 13B 對話補全模型
model = ChatOllama(model="llama2-chinese:13b")

# 透過 LCEL 建構呼叫鏈並執行，得到文字輸出
```

```
chain = prompt | model | StrOutputParser()
chain.invoke({ "input": " 給大家推薦一本新書《LangChain 實戰》，讓我們一起開始學習
LangChain 吧！ "})
```

' 大家好！我今天特意為大家推薦一本新書《LangChain 實戰》，讓我們一起開始學習 LangChain 吧！
這本書是由一些專業的技術人員撰寫的，內容十分透徹、實用。如果你想要提高自己的程式設計水準，或了解更
多的開發框架，這本書一定會對你有所幫助。贊！\n'

3.2 場景程式解析

3.1 節中的程式部分使用 LangChain 生成一個聊天機器人，該聊天機器人可以透過生成的文字輸出回應使用者輸入。以下是大致的流程。

首先，定義系統上下文並建構提示詞範本。提示詞範本被定義為一個字串，其中包括聊天機器人的角色（資深技術部落客）和手頭的任務（生成微博文章）。{input} 預留位置用於指示將在何處插入使用者的輸入。

接下來，使用 langchain_core.prompts 模組中的 ChatPromptTemplate 類別根據範本字串建立提示詞物件，該提示詞物件將用於生成顯示給使用者的最終提示。langchain_community.chat_models 模組中的 ChatOllama 類別用於載入 Llama 2 13B 對話補全模型物件，該模型物件是一個預先訓練的大型語言模型，可以在給定提示或輸入的情況下生成連貫且上下文相關的文字。

載入模型後，使用 langchain_core.output_parsers 模組中的 StrOutputParser 類別來將模型物件的輸出轉為字串。該解析器將獲取模型物件的輸出（即標記清單），並且將其轉為可以顯示給使用者的單一字串。

最後，使用 LCEL 將提示詞物件、模型物件和輸出解析器進行組合來建立鏈式呼叫——將會建立一個管道，該管道接收使用者的輸入，先將其傳遞給提示詞物件和模型物件，然後使用輸出解析器將輸出解析為字串。

當對鏈變數呼叫 invoke 方法時，它將執行管道並傳回生成的文字輸出。在這種情況下，輸出將是一筆長度不超過 140 個字的微博文章，並且包含適當的表情符號，以使內容引人入勝且具有專業性。

3.3 Model I/O 三元組

從場景範例中我們不難看出，在大型語言模型應用程式開發框架中，Model I/O 模組是最核心和基礎的部分，它主要管理與模式有關的輸入和輸出。Model I/O 模組包含 3 個主要組成部分：Prompt 模組、Model 模組和 Output Parser 模組。

3.3.1 Prompt 模組

Prompt 模組主要負責準備和管理提示詞。提示詞在與大型語言模型互動時造成非常重要的作用，它決定了模型能否準確理解使用者的需求並舉出合適的回應。

Prompt 模組提供了範本機制，可以高效率地重複使用和組合提示詞。我們可以先定義各種參數化的提示詞範本，然後透過傳入不同的參數來生成不同的提示詞實例。在預設情況下，提示詞範本使用 Python 的 str.format 語法進行範本化。比如我們使用 PromptTemplate 類別來建構帶有參數的提示詞。

```
from langchain_core.prompts import PromptTemplate

prompt_template = PromptTemplate.from_template(
    "Tell me a {adjective} joke about {content}."
)
prompt_template.format(adjective="funny", content="rabbit")
# 'Tell me a funny joke about rabbit.'
```

對於對話提示詞，每筆聊天訊息都與內容及被稱為角色的附加參數相連結。比如我們可以使用 ChatPromptTemplate 類別建立以下聊天提示詞範本。

```
from langchain_core.prompts import ChatPromptTemplate

chat_template = ChatPromptTemplate.from_messages(
    [
        ("system", "You are a helpful AI bot. Your name is {name}."),
        ("human", "Hello, how are you doing?"),
        ("ai", "I'm doing well, thanks!"),
```

```
            ("human", "{user_input}"),
    ]
)
chat_template.format_messages(name="Bob", user_input="What is your name?")
```

```
[SystemMessage(content='You are a helpful AI bot. Your name is Bob.'),
 HumanMessage(content='Hello, how are you doing?'),
 AIMessage(content="I'm doing well, thanks!"),
 HumanMessage(content='What is your name?')]
```

ChatPromptTemplate.from_messages 接收各種形式的訊息，但我們推薦大家直接使用最直接的（角色, 內容）二元物件數值的形式，其他形式大家可以自行查閱官方文件。

Prompt 模組還提供了範例選擇器功能，可以從範例儲存庫中根據規則篩選出合適的 Few Shot 範例（即在提示詞中提供少量問答結果的樣例）並插入提示詞。這可以幫助模型更快地學習，理解使用者的需求。

下面是一個將官方提供的「按長度篩選」範例插入提示詞範本的例子，這裡用到了 LengthBasedExampleSelector 選擇器。這個場景雖然簡單，但當你擔心建構的提示詞會超過上下文視窗的長度時，這非常有用，對於較長的輸入，它將選擇較少的範例，而對於較短的輸入，它將選擇更多的範例。

```
from langchain_core.prompts import PromptTemplate
from langchain_core.prompts import FewShotPromptTemplate
from langchain_core.example_selectors import LengthBasedExampleSelector

# 建立一些詞義相反的輸入 / 輸出的範例內容
examples = [
    {"input": "happy", "output": "sad"},
    {"input": "tall", "output": "short"},
    {"input": "energetic", "output": "lethargic"},
    {"input": "sunny", "output": "gloomy"},
    {"input": "windy", "output": "calm"},
]

example_prompt = PromptTemplate(
```

```
    input_variables=["input", "output"],
    template="Input: {input}\nOutput: {output}",
)
example_selector = LengthBasedExampleSelector(
    examples=examples,
    example_prompt=example_prompt,
    # 設定期望的範例文字長度
    max_length=25
)
dynamic_prompt = FewShotPromptTemplate(
    example_selector=example_selector,
    example_prompt=example_prompt,
    # 設定範例以外部分的前置文字
    prefix="Give the antonym of every input",
    # 設定範例以外部分的後置文字
    suffix="Input: {adjective}\nOutput:\n\n",
    input_variables=["adjective"],
)

# 當使用者輸入的內容比較短時，所有範例都會被引用
print(dynamic_prompt.format(adjective="big"))

# 當使用者輸入的內容足夠長時，只有少量範例會被引用
long_string = "big and huge and massive and large and gigantic and tall and
much much much much much bigger than everything else"
print(dynamic_prompt.format(adjective=long_string))
```

```
Give the antonym of every input

Input: happy
Output: sad

Input: tall
Output: short

Input: energetic
Output: lethargic

Input: sunny
Output: gloomy
```

```
Input: windy
Output: calm

Input: big
Output:

Give the antonym of every input

Input: happy
Output: sad

Input: big and huge and massive and large and gigantic and tall and much much
much much much bigger than everything else
Output:
```

透過範本機制和範例選擇器，我們可以高效率地建構出功能強大的提示詞。LangChain Python SDK 同時提供按最大邊際相關性（Maximal Marginal Relevance，MMR）選擇、按 n-gram 重疊選擇、按文字相似度選擇的多種範例選擇器，歡迎大家在官方文件中進一步了解。

3.3.2　Model 模組

Model 模組提供了與大型語言模型互動所需的介面。它目前包含兩類模型。

（1）基礎大型語言模型（在 LangChain 中被稱為 LLM）：提供基本的文字補全等功能。

（2）對話大型語言模型（在 LangChain 中被稱為 Chat Model）：提供對話流程管理，可以設定系統訊息，以角色區分使用者和幫手等。

Model 模組遮罩了不同大型語言模型介面的差異，舉出了統一的使用方式，但需要特別注意以下兩點。

（1）並不是所有的大型語言模型 API 供應商都同時支援文字補全功能和對話功能，比如 Anthropic Claude 目前只提供對話功能介面。

（2）某模型支援文字補全功能或對話功能，也並不表示它支援所有
Runnable 物件的方法（特別是流式傳輸方法，或非同步呼叫方法）。

簡而言之，在選擇模型時，一定要查詢官方提供的 LLM 和 Chat Model 可
用清單，其中包含詳細的模型及其支援的方法的列表。

在 LangChain 官方文件的 Integrations 頁面中可以查閱所有社區貢獻的 LLM
和 Chat Model。

3.3.3 Output Parser 模組

Output Parser 模組提供多種輸出解析器，將模型輸出轉為結構化的資料，
方便程式處理。

它可以生成特定格式的提示詞並將提示詞插入完整提示，指導模型按照
相應格式輸出內容。常用的結構化輸出格式有 JSON、HTML 表格等，Output
Parser 模組可以按照對應的格式解析模型輸出，並且將模型輸出轉為 JSON 物件
等程式友善的資料結構。

LangChain 官方提供了多種輸出解析器，下面我們選取 PydanticOutputParser
作為範例，為大家展示輸出解析器在建構提示詞和解析模型輸出這兩個方面的
核心能力。

```python
from typing import List
from langchain_core.prompts import PromptTemplate
from langchain_core.pydantic_v1 import BaseModel, Field
from langchain_community.llms.ollama import Ollama
from langchain.output_parsers import PydanticOutputParser

class Actor(BaseModel):
    name: str = Field(description="name of an author")
    book_names: List[str] = Field(description="list of names of
book they wrote")

actor_query = " 隨機生成一位知名的作家及其代表作品 "
```

```
parser = PydanticOutputParser(pydantic_object=Actor)

prompt = PromptTemplate(
    template=" 請回答下面的問題：\n{query}\n\n{format_instructions}\n 如果輸出是
程式區塊，請不要包含首尾的 ``` 符號 ",
    input_variables=["query"],
    partial_variables={"format_instructions": parser.get_format_
instructions()},
)

input = prompt.format_prompt(query=actor_query)
print(input)

model = Ollama(model="llama2-chinese:13b")
output = model(input.to_string())

print(output)
parser.parse(output)
```

text=' 請回答下面的問題：\n 隨機生成一位知名的作家及其代表作品 \n\nThe output should be
formatted as a JSON instance that conforms to the JSON schema below.\n\nAs an
example, for the schema {"properties": {"foo": {"title": "Foo", "description":
"a list of strings", "type": "array", "items": {"type": "string"}}}, "required":
["foo"]}\nthe object {"foo": ["bar", "baz"]} is a well-formatted instance of the
schema. The object {"properties": {"foo": ["bar", "baz"]}} is not well-formatted.\
n\nHere is the output schema:\n```\n{"properties": {"name": {"title": "Name",
"description": "name of an author", "type": "string"}, "book_names": {"title":
"Book Names", "description": "list of names of book they wrote", "type": "array",
"items": {"type": "string"}}}, "required": ["name", "book_names"]}\n```\n 如果輸出是
程式區塊，請不要包含首尾的 ``` 符號 '
    {
        "name": "J.K. Rowling",
        "book_names": [
            "Harry Potter and the Philosopher's Stone",
            "Harry Potter and the Chamber of Secrets",
            "Harry Potter and the Prisoner of Azkaban",
            "Harry Potter and the Goblet of Fire",
            "Harry Potter and the Order of the Phoenix",
            "Harry Potter and the Half-Blood Prince",
```
```

```
        "Harry Potter and the Deathly Hallows"
    ]
}

Actor(name='J.K. Rowling', book_names=["Harry Potter and the Philosopher's
Stone", 'Harry Potter and the Chamber of Secrets', 'Harry Potter and the Prisoner
of Azkaban', 'Harry Potter and the Goblet of Fire', 'Harry Potter and the Order
of the Phoenix', 'Harry Potter and the Half-Blood Prince', 'Harry Potter and the
    Deathly Hallows'])
```

Pydantic 是一個 Python 函數庫，它提供了一種簡單而靈活的方法來定義資料模型並驗證其實例。它允許使用 Python 類別定義資料模型，並且使用這些模型來驗證資料以確保其符合預期的結構和約束。

在上面的程式中，首先，我們定義了一個名為 parser 的 PydanticOutputParser 實例，該實例使用 Actor 類別的 pydantic_object 參數初始化。Actor 類別有兩個欄位：類型為 str 的 name 和類型為 List[str] 的 book_names，由此定義我們期望的輸出的資料格式。

然後，我們定義一個名為 prompt 的 PromptTemplate 實例，該實例使用範本參數初始化，範本參數包含格式指令和查詢的預留位置。將 input_variables 參數設定為 ["query"]，表示 query 變數應格式化為範本。將 partial_variables 參數設定為 {"format_ instructions":parser.get_format_instructions()}，表示 parser.get_format_instructions() 生成的用於格式化輸出的提示詞也需要合併到範本中。

接下來，將提示詞傳遞給大型語言模型進行推理，並且將結果值設定給 input。

最後，呼叫解析器實例的 parse 方法，將傳回的結果解析成預期的 JSON 資料結構。

除了 JSON 格式，LangChain 對於 YAML、XML 等格式也有對應的支援，而這些輸出格式通常是與特定大型語言模型相連結的。比如，對於 OpenAI 模型，我們可以把上面的例子中的模型和輸出解析器進行相應替換，使其輸出 YAML

格式的內容。

```
# pip install langchain-openai
from langchain_openai import ChatOpenAI
from langchain.output_parsers import YamlOutputParser

# 使用 OpenAI 模型並輸出 YAML 格式的內容
model = ChatOpenAI(temperature=0)
parser = YamlOutputParser(pydantic_object=Actor)
```

而對於 Anthropic 的 Claude 模型，我們可以使用對應的 XML 輸出解析器。

```
from langchain_core.output_parsers import XMLOutputParser
from langchain_core.prompts import PromptTemplate
from langchain_community.chat_models import ChatAnthropic

# 使用 Claude v2 模型並輸出 XML 格式的內容
model = ChatAnthropic(model="claude-2", max_tokens_to_sample= 512,
temperature=0.1)
parser = XMLOutputParser()

prompt = PromptTemplate(
    template="""{query}\n{format_instructions}""",
    input_variables=["query"],
    partial_variables={"format_instructions": parser.get_format_
instructions()},
)

chain = prompt | model | parser

output = chain.invoke({"query": actor_query})
```

綜合而言，Model I/O 三元組為大型語言模型應用程式開發框架提供了核心的模型互動能力。Prompt 模組準備提示詞輸入，Model 模組提供模型介面，Output Parser 模組解析模型輸出。三者相互配合，使開發者能夠高效率地利用大型語言模型實現各種應用與服務。

3.4　LCEL 語法解析：基礎語法和介面

　　LCEL 是基於 LangChain 框架開發的領域特定語言（Domain Specific Language，DSL）。LCEL 旨在提供一種簡潔且富有表現力的方式來定義複雜的大型語言模型處理管道和工作流程。它允許使用者以結構化和模組化的方式定義操作鏈，包括資料轉換、模型呼叫和輸出解析。LCEL 為建構和編排語言模型應用程式提供了高級抽象，使開發和維護複雜的大型語言模型處理管道變得更加容易。

　　LCEL 的基本語法是透過 | 管道符號將一些符合 Runnable 協定的物件（簡稱為 Runnable 物件）串聯起來。Runnable 協定是一個標準介面，由 LCEL 串聯起來的 Runnable 物件可以讓開發者們輕鬆地建構自訂呼叫鏈並以標準方式呼叫它們。

3.4.1　Runnable 物件的標準介面

　　在 Python SDK 中，Runnable 物件定義了一系列標準的操作介面，具體如下。

　　（1）invoke/ainvoke：將單一輸入轉為輸出。

　　（2）batch/abatch：有效地將多個輸入轉為輸出。

　　（3）stream/astream：在生成單一輸入時流式輸出。

　　（4）astream_log：除了最終回應，還會流式輸出中間步驟的執行結果。

　　其中帶有 a 首碼的介面是非同步的（表示 async），在預設情況下，它們使用 asyncio 的執行緒池執行同步對應項；在 JS SDK 中，由於所有介面都是非同步的，所以只保留 invoke、batch、stream 和 stream_log 這 4 個介面。所有介面都接收可選的設定參數，這些參數可用於設定執行、增加標籤和中繼資料，以進行追蹤和偵錯。

3.4.2 Runnable 物件的輸入和輸出

由於 Runnable 物件各自的輸入和輸出類型不盡相同，所以我們透過表 3-1 來大致地了解一下全貌。

▼ 表 3-1 Runnable 物件的輸入和輸出類型

Runnable 物件	輸入類型	輸出類型
Prompt	字典類型	PromptValue 物件
LLM	單一字串	單一字串
ChatModel	一組 ChatMessage 或一個 PromptValue	ChatMessage 物件
OutputParser	LLM 或 ChatModel 的輸出類型	解析器各自訂
Retriever	單一字串	一組 Document 物件
Tool	工具各自訂	工具各自訂

3.4.3 Runnable 物件的動態參數綁定

有時我們希望使用常數參數呼叫 Runnable 呼叫鏈中的 Runnable 物件，這些常數參數不是序列中前一個 Runnable 物件的輸出的一部分，也不是使用者輸入的一部分。我們可以使用 Runnable.bind 方法來傳遞這些參數。

綁定參數的特別有用的應用場景就是將 OpenAI Functions 附加到相容的 OpenAI 模型上，這裡我們一起來看一個 LangChain 官方提供的範例。

```
# 先準備好符合 OpenAI Functions 規範的函數宣告
functions = [
    {
        "name": "solver",
        "description": "Formulates and solves an equation",
        "parameters": {
            "type": "object",
            "properties": {
                "equation": {
                    "type": "string",
```

```
                    "description": "The algebraic expression of the equation",
                },
                "solution": {
                    "type": "string",
                    "description": "The solution to the equation",
                },
            },
            "required": ["equation", "solution"],
        },
    }
]
# OpenAI Functions 只能在對話補全場景中使用
prompt = ChatPromptTemplate.from_messages(
    [
        (
            "system",
            "Write out the following equation using algebraic symbols
then solve it.",
        ),
        ("human", "{equation_statement}"),
    ]
)
# 使用 model.bind 來為模型物件動態繫結 functions 參數
model = ChatOpenAI(model="gpt-4", temperature=0).bind(
    function_call={"name": "solver"}, functions=functions
)

# 後續使用 LCEL 正常建構並執行 Runnable 呼叫鏈即可
runnable = {"equation_statement": RunnablePassthrough()} | prompt | model
runnable.invoke("x raised to the third plus seven equals 12")
```

```
AIMessage(content='', additional_kwargs={'function_call': {'name': 'solver',
'arguments': '{\n"equation": "x^3 + 7 = 12",\n"solution": "x = ∛5"\n}'}},
example=False)
```

3.4.4 審查鏈路結構和提示詞

當使用 LCEL 建立了一個基於 Runnable 物件的呼叫鏈時，我們需要了解這個由程式拼接而成的呼叫鏈的整體鏈路形態、包含的各個節點和使用到的所有提示詞，以便更進一步地了解這個執行鏈內部發生的事情。

首先我們可以透過 Runnable 物件的 get_graph().print_ascii 方法得到鏈路結構的 ASCII 字元圖表達形式，範例如下。

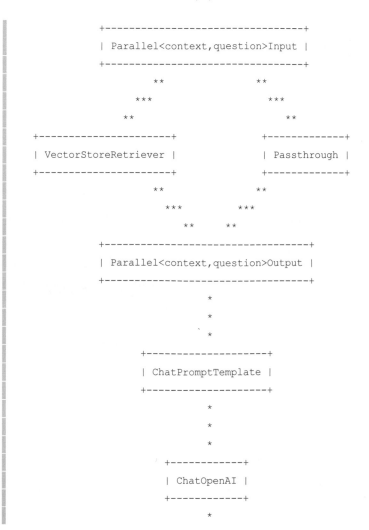

```
                          *
                          *
           +-----------------+
           | StrOutputParser |
           +-----------------+
                          *
                          *
                          *
           +---------------------+
           | StrOutputParserOutput |
           +---------------------+
```

如果希望獲取整數個鏈路中使用的提示詞，則可以透過 Runnable 物件的 get_prompts 方法來實現，例如可以得到以下結果。

```
[ChatPromptTemplate(input_variables=['context', 'question'], messages=[HumanMe
ssagePromptTemplate(prompt=PromptTemplate(input_variables=['context', 'question'],
template='Answer the question based only on the following context:\n{context}\n\
nQuestion: {question}\ n'))])]
```

3.5 Runnable Sequence的基座：Model I/O三元組物件

Runnable Sequence 是 LangChain 中另一個重要概念，可以將它看成由 LCEL 建構的呼叫鏈的實際載體，它描述了多個 Runnable 物件組合成的鏈式呼叫的具體內容。

前文中提到，Runnable 物件表示一個可呼叫的函數或操作單元。不同的 Runnable 物件的輸入和輸出各異，需要把前一個 Runnable 物件的輸出作為後一個 Runnable 物件的輸入，才能把它們有機串聯起來。要實現不同 Runnable 物件之間的串聯，最簡單和最基礎的方式就是透過 Model I/O 三元組。

（1）Prompt 模組可以準備不同的提示詞作為 Runnable 物件的輸入。

（2）Model 模組提供大型語言模型介面，實現 Runnable 物件的主要邏輯。

（3）Output Parser 模組可以把前一個物件的模型輸出轉換成後一個物件的結構化輸入。

透過 Model I/O 三元組的支援，我們可以自由組合 Prompt 模組、Model 模組、Output Parser 模組，以建構出一個最基礎的 Runnable Sequence。

之前我們已經展示過一個 Prompt、Model、Output Parser 三個模組透過 LCEL 建構 Runnable Sequence 的範例，下面展示一個 Prompt 模組和 Model 模組建構最小呼叫鏈的範例。

```
from langchain_core.prompts import ChatPromptTemplate
from langchain_community.chat_models import ChatOllama

prompt = ChatPromptTemplate.from_template(" 請撰寫一篇關於 {topic} 的中文小故事，
不超過 100 個字 ")
model = ChatOllama(model="llama2-chinese:13b")

chain = prompt | model
chain.invoke({"topic": " 小白兔 "})
```

這種由 Model I/O 三元組串聯的 Runnable Sequence 非常基礎，但它提供了極為廣泛的語言處理能力。我們可以插入各種自訂的 Runnable 物件來完成複雜任務，比如多輪對話、知識庫查詢等。

4

第4章
多媒體資源的摘要實戰

　　隨著人工智慧技術的不斷發展，大型語言模型的應用越來越廣泛。大型語言模型具有非常強大的文字總結和生成能力，可以幫助我們快速獲取資訊的核心要點。我們可以利用大型語言模型的這一優勢，開發各種智慧化的文字內容處理工具，實現文字內容的自動提取、概括和生成。

　　目前，大型語言模型已經可以非常出色地總結文字內容的主要資訊點。不論是書籍、報刊文章還是網路資訊，大型語言模型都可以快速抓取關鍵字，理解語義，歸納出內容要點。這可以極大地提高我們對資訊的獲取和利用效率。舉例來說，我們可以開發智慧文字摘要工具。這類工具可以立刻為我們總結出一段或一篇文章的主要內容和觀點，生成文字摘要。它還可以進一步分析文字的語義和邏輯關係，自動生成文字要點列表。此外，結合音訊和視訊處理技術，我們還可以開發出基於語音辨識的智慧內容提取工具。這類工具可以自動轉錄音訊和視訊中的語音內容，使用大型語言模型對轉錄文字進行內容提取和摘要。針對網路上的各種資訊，我們可以開發智慧網頁內容提取工具。使用者只需要輸入一個網頁連結，這類工具就可以分析網頁內容，取出正文，並且自動生成內容摘要或要點清單，比網頁內容更加簡潔和易讀。

　　借助這些智慧化的語言內容處理工具，我們可以極大地提高工作和學習效率，節省大量提取和歸納資訊的時間。這些工具可以廣泛應用於知識管理、學習研究、新聞媒體、出版、翻譯等領域。對這些場景，LangChain 目前已經提供了多種工具和策略，舉例來說，LangChain 社區已經貢獻了 160 多個文件載入器，本章將重點介紹目前 LangChain 在本地和 Web（多媒體）文件載入與處理方面的功能。

4.1　場景程式範例

　　下面我們來看一個線上文字總結的範例，透過 LangChain 社區的文件載入器載入 arXiv 文獻網站中的一篇關於 ReAct 提示模式的論文，並且對它的摘要部分進行總結。

```python
from langchain_core.prompts import PromptTemplate, format_document
from langchain_core.output_parsers import StrOutputParser
from langchain_community.chat_models import ChatOllama
from langchain_community.document_loaders import ArxivLoader
from langchain.text_splitter import RecursiveCharacterTextSplitter

# 載入 arXiv 上的論文 ReAct: Synergizing Reasoning and Acting in Language Models
loader = ArxivLoader(query="2210.03629", load_max_docs=1)
docs = loader.load()
print(docs[0].metadata)

# 把文字分割成 500 個字元為一組的部分
text_splitter = RecursiveCharacterTextSplitter(
    chunk_size = 500,
    chunk_overlap = 0
)
chunks = text_splitter.split_documents(docs)

# 建構 Stuff 形態（即文字直接拼合）的總結鏈
doc_prompt = PromptTemplate.from_template("{page_content}")
chain = (
    {
        "content": lambda docs: "\n\n".join(
            format_document(doc, doc_prompt) for doc in docs
        )
    }
    | PromptTemplate.from_template(" 使用中文總結以下內容，不需要人物介紹，字數控制在
50 個字元以內：\n\n{content}")
    | ChatOllama(model="llama2-chinese:13b")
    | StrOutputParser()
)
# 由於論文很長，所以我們只選取前 2000 個字元作為輸入並呼叫總結鏈
chain.invoke(chunks[:4])
```

{'Published': '2023-03-10', 'Title': 'ReAct: Synergizing Reasoning and Acting in Language Models', 'Authors': 'Shunyu Yao, Jeffrey Zhao, Dian Yu, Nan Du, Izhak Shafran, Karthik Narasimhan, Yuan Cao', 'Summary': 'While large language models (LLMs) have demonstrated impressive capabilities\nacross tasks in language understanding and interactive decision making, their\nabilities for reasoning (e.g. chain-of-thought prompting) and acting (e.g.\naction plan generation) have primarily been studied as separate topics. In this\npaper, we explore the use of LLMs to generate both reasoning traces and\ntask-specific actions in an interleaved manner, allowing for greater synergy\nbetween the two: reasoning traces help the model induce, track, and update\naction plans as well as handle exceptions, while actions allow it to interface\nwith external sources, such as knowledge bases or environments, to gather\nadditional information. We apply our approach, named ReAct, to a diverse set of\nlanguage and decision making tasks and demonstrate its effectiveness over\nstate-of-the-art baselines, as well as improved human interpretability and\ntrustworthiness over methods without reasoning or acting components.\nConcretely, on question answering (HotpotQA) and fact verification (Fever),\nReAct overcomes issues of hallucination and error propagation prevalent in\nchain-of-thought reasoning by interacting with a simple Wikipedia API, and\ngenerates human-like task-solving trajectories that are more interpretable than\nbaselines without reasoning traces. On two interactive decision making\nbenchmarks (ALFWorld and WebShop), ReAct outperforms imitation and\nreinforcement learning methods by an absolute success rate of 34% and 10%\nrespectively, while being prompted with only one or two in-context examples.\nProject site with code: https://react-lm.github.io'}

'\n 這篇論文在 ICLR 2023 上發表，研究了如何兼顧理解能力和行為能力。目前的大型語言模型 (LLM) 已經被成功地應用於許多語言理解和互動式決策任務，但是其理解能力和行為能力主要作為單獨的研究主題。我們將 LLM 應用於邏輯追蹤和特定動作辨識，從而發揮更大的協作作用，以此來產生更好的結果。我們將其命名為 ReAct，並且將它應用到多種語言和決策任務中，證明了其在最先進基準線上的有效性。'

4.2 場景程式解析

上述程式部分使用 LangChain 對從 arXiv 網站載入的文件執行一系列自然語言處理任務。以下是大致的流程。

首先使用 ArxivLoader 類別從 arXiv 網站上載入文件。

指定查詢編號為 2210.03629 的論文，並且將 load_max_docs 設定為 1，以僅載入第一個匹配的文件。

然後透過 RecursiveCharacterTextSplitter 類別建立一個遞迴式的文字分割器，分割剛剛獲取的完整的論文文字。

透過 chunk_size=500 設定每個部分的大小不超過 500 個字元，並且透過 chunk_overlap = 0 要求文字區塊沒有重疊。這裡選擇沒有文字內容重疊是因為後面準備直接合併，在後面的章節中會進一步介紹重疊部分的使用要點。

至此，線上文件的載入和前置處理就完成了，下面開始建構總結鏈。

首先定義一個提示詞範本，它的作用很簡單，就是將每個文件的內容格式化為純文字，這是使用 PromptTemplate 類別完成的。

然後透過 LCEL 語法來建構呼叫鏈，這個呼叫鏈大致又分成兩部分。

第一部分是這個呼叫鏈的重頭，它由一個 Map 或說字典結構組成，它負責準備好需要被總結的內容文字。在本範例中，定義了一個 Lambda 函數用來獲取文件列表並傳回一個包含所有文件的串聯內容的字串，這個字串被儲存在 content 的字典鍵中。

第二部分基本上是一個標準的 Model I/O 三元組。首先由 PromptTemplate. from_ template 將文字總結的要求和需要總結的內容拼接成一個完整的提示詞，然後透過 ChatOllama 使用 llama2-chinese:13b 進行推理，最後透過 StrOutputParser 將模型生成的內容（對話訊息）解析為字串。

最後呼叫這個建構好的總結鏈，考慮到本地模型運算能力和 Llama 2 13B 模型的上下文大小，我們只選取前 2000 個字元作為輸入並執行呼叫。

4.3　Document 的載入與處理

在 LangChain 中，我們使用文件載入器從文件來源中載入資料，文件來源既可以是本地或網際網路，也可以是一個目錄。文件資料在 LangChain 中透過 Document 物件來表達和承載，一個典型的 Document 物件是由一段文字（page_content）和連結的中繼資料（metadata）組成的。

4.3.1　文件載入器

　　LangChain 社區目前貢獻 160 多個文件載入器，一些文件載入器的作用比較
簡單，例如用於載入簡單的 TXT 檔案，一些文件載入器可以用於載入任何網頁
的文字內容，還有一些文件載入器可以用於載入長影片網站的影片字幕。所有
文件載入器都提供了 load 實例方法，用於將資料載入為文件來自設定的文件來
源。部分載入器還可以實現 lazy_load 方法，以便將資料延遲載入到記憶體中。

```
from langchain_community.document_loaders import TextLoader

loader = TextLoader("./index.md")
loader.load()
```

　　由於文件載入器的實現實在太多，我們就不一一展示了，如果你對此感興
趣，則可以在 LangChain 官方文件的 Integrations 頁面中查閱所有 LangChain 社
區貢獻的文件載入器。下面我們會把關注的重點放在文件轉換器和文字總結策
略上，為大家做進一步的介紹。

4.3.2　文件轉換器

　　文字分割是目前 LangChain 在文件處理方面的重要一環，因為通常在載入
文件後，我們可能希望將長文件分割成更小的區塊，以適合模型的上下文視窗。
LangChain 同時提供多種內建的文件轉換器，可以輕鬆地拆分、組合、過濾和以
其他方式操作文件，而不僅是分割文字。

　　舉例來說，透過 EmbeddingsRedundantFilter，可以辨識相似的文件並過濾容
錯；透過 doctran 等整合，可以執行將文件從一種語言翻譯為另一種語言、提取
所需屬性並將其增加到中繼資料及將對話轉為 Q/A 格式的文件集等操作。所以
雖然目前最重要的文字處理方式是文字分割，但大家也可以關注 LangChain 為
大家提供的各種其他的文字處理和轉換工具，選擇適合自己應用的來使用。

4.3.3 文字分割器

文字分割器的核心目標是將長文字分割成適合處理的較小部分，以便更進一步地適應模型的上下文視窗或滿足其他需求（例如增強檢索精度）。文字分割器提供了兩個實例方法，分別用於接收並處理文字和文件。

（1）split_text：輸入文字，輸出分割後的一組 Document 文件物件。

（2）split_documents：輸入一組 Document 文件物件，輸出分割後的一組 Document 文件物件。

文字分割器的核心流程大致包括以下幾步。

（1）分割文字：根據所選的分割策略，將長文字分割成較小的部分。分割策略可以是根據字元、分詞、句子等進行分割。

（2）測量部分大小：根據所選的測量函數，計算每個部分的大小，可以根據字元數、標記數或其他度量標準來測量部分的大小。

（3）建立文件：將分割後的部分組合成 Document 文件物件。每個 Document 文件物件通常包含部分的內容、中繼資料和其他相關資訊。

從這個流程可以看到，文字分割器的輸出結果有兩個重要的影響因素：分割策略和測量函數。合理選擇分割策略和測量函數，可以根據不同的應用場景和需求進行訂製化的文字分割。下面我們會結合一些比較常用的文字分割器，給大家分別介紹這兩個因素的實際作用。

1 · 按特定字元分割

遞迴字元文字分割器（RecursiveCharacterTextSplitter）根據字元串列將文字分割成較小的部分，是我們比較推薦使用的文字分割器。它嘗試保持語義相關的文字部分在一起，可以根據需要自訂分割字元和其他參數——它嘗試根據第一個字元的分割來建立區塊，但如果任何區塊太大，它就會移動到下一個字元，依此類推。在預設情況下，它嘗試分割的字元是 "\n\n"、"\n"、" "、""（最後一

個 "" 表示按單一字元分割）。

除了控制可以分割的字元，我們還可以控制一些其他操作。

（1）length_function：計算區塊長度的方式。預設只計算字元數，但在這裡使用詞元計數器是很常見的。

（2）chunk_size：區塊的最大大小（由測量函數測量）。

（3）chunk_overlap：區塊之間的最大重疊，對長文字來說，最好有一些重疊以保持區塊之間的連續性。

（4）add_start_index：是否在中繼資料中包含原始文件中每個區塊的起始位置。

```
from langchain.text_splitter import RecursiveCharacterTextSplitter

text_splitter = RecursiveCharacterTextSplitter(
    # 以下數值為預設值，在實際使用時要結合預估的文字長度
    chunk_size = 100,
    chunk_overlap  = 20,
    length_function = len,
    add_start_index = True,
)
```

現有的大部分文字分割器都屬於這一類，例如 CharacterTextSplitter、HTMLHeaderTextSplitter、MarkdownHeaderTextSplitter 和程式文字分割器等，大家可以透過官方文件了解它們的使用方法。

2．按詞元分割

除了按特定字元分割，我們也可以使用詞元分詞器對文字進行分割，並且根據分詞結果計算部分的長度。這類文字分割器是比較典型的根據詞元數量來計算部分長度的文字分割器。

舉例來說，tiktoken 是由 OpenAI 建立的快速 BPE（Byte Pair Encoding）分詞器，基於 tiktoken 的文字分割器可以更準確地估計文字中的詞元數量，適用於

高效率地對齊 OpenAI 模型的輸入 / 輸出詞元視窗（容量）。下面是它的 3 種可用的撰寫方式範例。

```
from langchain.text_splitter import CharacterTextSplitter,
RecursiveCharacterTextSplitter, TokenTextSplitter

# 使用 CharacterTextSplitter 可能因為詞元不能被分割，造成部分的大小大於 chunk_size
text_splitter = CharacterTextSplitter.from_tiktoken_encoder (chunk_size=100,
chunk_overlap=0)

# 使用 RecursiveCharacterTextSplitter 可以將詞元按字元分割，保證部分的大小小於
chunk_size

text_splitter = RecursiveCharacterTextSplitter.from_tiktoken_encoder
(chunk_size=100, chunk_overlap=0
)

# 使用直接綁定 tiktoken 的 TokenTextSplitter 也可以保證每個部分的大小小於 chunk_size
text_splitter = TokenTextSplitter(chunk_size=10, chunk_overlap=0)
```

同理，Hugging Face 也有很多自己的 BPE 分詞器，例如我們可以使用 GPT2TokenizerFast 來進行詞元分割，對應的使用範例如下。

```
from transformers import GPT2TokenizerFast

tokenizer = GPT2TokenizerFast.from_pretrained("gpt2")
text_splitter = CharacterTextSplitter.from_huggingface_tokenizer(
    tokenizer, chunk_size=100, chunk_overlap=0
)
```

此外，LangChain 還提供 NLTK、spaCy 這類自然語言分詞器用於文字分割，但它們更像按特定字元分割——按特殊文字分割，但按字元計算部分的長度。

3 · 何時生成文字區塊重疊

文字區塊重疊指的是在對原始文字進行分割時，允許相鄰文字區塊有一定內容上的重疊。這種重疊有助保持文字內容的連貫性和完整性，文字區塊重疊的長度由 chunk_overlap 控制。那麼，什麼時候需要生成文字區塊重疊呢？

　　首先，我們需要明確文字區塊重疊的作用。當原始文字過長時，需要將其分割成多個較短的文字區塊，在文字區塊之間引入重疊內容，可以保持文字語義的連續性。

　　其次，我們需要明確文字區塊重疊的生成條件。一般來說只有當滿足以下兩個條件時，才需要生成文字區塊重疊。

　　（1）原始文字的長度超過預設的文字區塊大小上限。這是生成文字區塊重疊的必要條件。只有當原始文字較長，無法直接放入一個文字區塊時，才需要考慮分割和重疊。

　　（2）可以在文字區塊邊界找到合適的中斷點。這是生成文字區塊重疊的充分條件。如果文字區塊內部沒有合適的中斷點，即使文字較長也無法分割，這時就不會生成文字區塊重疊。

　　換句話說，只有原始文字超過文字區塊大小上限，並且可以找到合適的中斷點，LangChain 才會按 chunk_overlap 設定的重疊文字大小來生成文字區塊重疊，從而維持文字的相對完整性。下面我們透過一個簡短的範例給大家一個具象的展示。

```
from langchain.text_splitter import RecursiveCharacterTextSplitter

text_splitter = RecursiveCharacterTextSplitter(chunk_size=10, chunk_overlap=5)
print(text_splitter.split_text(" 你好 LangChain 實戰 "))
print(text_splitter.split_text(" 你好 LangChain 實戰 "))
```

```
[' 你好 LangChai', 'gChain 實戰 ']
[' 你好 ', 'LangChain', ' 實戰 ']
```

　　為什麼只加了兩個空格，輸出結果差這麼多，並且其中一個無法生成文字區塊重疊呢？給大家一個提示，RecursiveCharacterTextSplitter 嘗試分割的字元是 "\n\n"、"\n"、" "、""，結合上面提到的兩個生成重疊的條件大家是否已經找到答案了呢？

沒錯，「你好 LangChain 實戰」優先被空格分割了，這導致分割後的每個文字區塊大小都小於（或說滿足）chunk_size，因此它不滿足原始文字超過文字區塊大小這個條件，不需要生成文字區塊重疊來為下一個文字區塊補充上下文。而 " 你好 LangChain 實戰 "（除非按單一字元）已經無法分割了，又滿足原始文字超過文字區塊大小這個條件，所以執行了按字元分割，同時根據 chunk_overlap=5 為後一個文字區塊補充了 gChai 這 5 個字元。

4.4　3 種核心文件處理策略

LangChain 在文件處理方面提供了多種處理策略，它們對於總結文件、回答文件問題、從文件中提取資訊等很有用。下面我們為大家逐一介紹在 Python 和 JS/TS SDK 中都有實現的 Stuff、MapReduce 和 Refine 這 3 種文件處理策略及其 LCEL 建構方法。與早期版本的黑盒工具函數相比，學習白盒的 LCEL 應用鏈更有助大家了解這幾種策略的實現原理並加深對 LCEL 語法的理解。Python SDK 獨有的 Map Rerank 策略留給大家自行探索學習。

4.4.1　Stuff 策略：直接合併

Stuff 策略最簡單直接，就是先將所有文件直接拼接在一起，組成一大段文字，然後將其與問題一起輸入問答模型，生成回答，Stuff 文件處理流程如圖 4-1 所示。

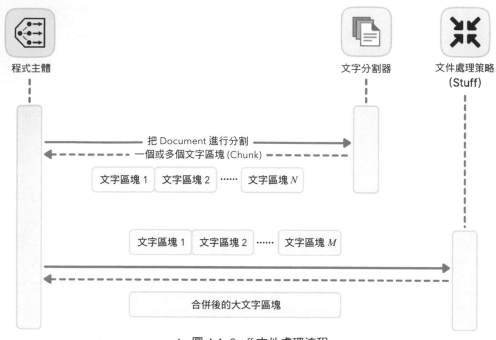

程式主體　　　　　　　　　　　　　　　文字分割器　　文件處理策略
　　　　　　　　　　　　　　　　　　　　　　　　　　　　（Stuff）

把 Document 進行分割

一個或多個文字區塊 (Chunk)

文字區塊 1　文字區塊 2　……　文字區塊 N

文字區塊 1　文字區塊 2　……　文字區塊 M

合併後的大文字區塊

▲ 圖 4-1 Stuff 文件處理流程

　　我們在場景範例中使用的就是這種文件處理策略。這種策略的優點是簡單直接，不需要複雜的文件處理流程。但這種策略也有明顯的缺陷。

　　（1）同時輸入所有文件容易超出模型的文字長度限制，對超大規模的文件集合不友善。

　　（2）沒有區分每個文件的重要性，可能帶來不相關的干擾資訊。

　　（3）對所有文件進行延展處理，沒有一個一個分析文件的能力。

　　因此，Stuff 策略更適合文件量較少的場景，對於文件量較大的場景要謹慎使用，一般更推薦後文的兩種處理策略。

4.4.2 MapReduce 策略：分而治之

MapReduce 策略使用了巨量資料中常見的 MapReduce 模式，如圖 4-2 所示。

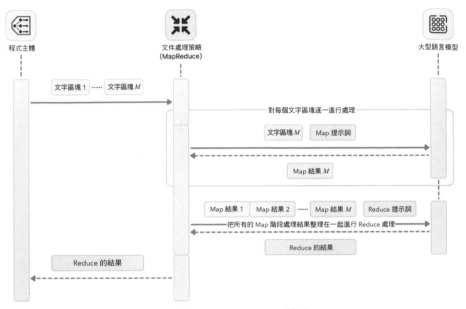

▲ 圖 4-2 MapReduce 策略

首先是 Map 階段。對每個文件單獨進行處理，生成一個針對問題的中間回答。這個過程可以被看作是一個「微小問答」，對每個文件進行單獨整理。

然後是 Reduce 階段。將所有文件的中間回答統一整理到一個文件中。與原始問題一起作為新的提示詞上下文內容，輸入問答模型並生成最終回答。

MapReduce 策略的優勢如下。

（1）可以基於每個文件的相關性對其進行不同程度的整理，而不會簡單拼接。

（2）分階段逐步推理的過程更貼近人類處理大規模文件的思維模式。

（3）支援平行計算，對於大規模文件場景具有很強的可擴充性。

同樣地，MapReduce 策略也存在一些問題。

（1）需要為 Map 階段和 Reduce 階段準備不同的提示詞範本，較為複雜。

（2）由於多次呼叫問答模型，計算效率比較低。

（3）往往需要更多的調優操作來達到最佳效果。

因此，MapReduce 策略更適用於大規模文件的問答場景，當文件量成千上萬時，它可以發揮演算法設計的優勢。

下面我們來看一下對應的 LCEL 實現，沿用場景程式範例中的 ReAct 論文總結，大家可以著重留意 Map 和 Reduce 兩個核心呼叫鏈的建構方式。

```python
from functools import partial

from langchain_core.prompts import PromptTemplate, format_document
from langchain_core.output_parsers import StrOutputParser
from langchain_community.chat_models import ChatOllama
from langchain_community.document_loaders import ArxivLoader
from langchain.text_splitter import RecursiveCharacterTextSplitter

# 載入 arXiv 上的論文 ReAct: Synergizing Reasoning and Acting in Language Models
loader = ArxivLoader(query="2210.03629", load_max_docs=1)
docs = loader.load()

# 把文字分割成 500 個字元為一組的部分
text_splitter = RecursiveCharacterTextSplitter(
    chunk_size = 500,
    chunk_overlap = 50
)
chunks = text_splitter.split_documents(docs)

llm = ChatOllama(model="llama2-chinese:13b")

# 建構工具函數：將 Document 轉換成字串
document_prompt = PromptTemplate.from_template("{page_content}")
partial_format_document = partial(format_document, prompt= document_prompt)
```

```python
# 建構 Map 鏈，對每個文件都先進行一輪總結
map_chain = (
    {"context": partial_format_document}
    | PromptTemplate.from_template("Summarize this content:\n\n {context}")
    | llm
    | StrOutputParser()
)


# 建構 Reduce 鏈，合併之前的所有總結內容
reduce_chain = (
    {"context": lambda strs: "\n\n".join(strs) }
    | PromptTemplate.from_template("Combine these summaries:\n\n {context}")
    | llm
    | StrOutputParser()
)


# 把兩個鏈合併成 MapReduce 鏈
map_reduce = map_chain.map() | reduce_chain
map_reduce.invoke(chunks[:4], config={"max_concurrency": 5})
```

'This paper introduces the REACT model which leverages both reasoning and acting abilities to improve the performance of large language models, achieving state-of-the-art results in various benchmarks. The authors present a novel approach that combines logic-based reasoning with behavior-based actions in LLMs, which enables them to better handle tasks such as question answering and text generation. Additionally, ReAct is an algorithm that combines chain-of-thought reasoning with simple Wikipedia API and generates human-like task-solving trajectories. It can outperform imitation and reinforcement learning methods in two interactive decision making benchmarks, achieving absolute success rates of 34% and 10%. Their proposed method is evaluated on several datasets and is shown to significantly outperform other baseline models, demonstrating its potential for improving the capabilities of language models. By using reasoning traces to help induce, track, and update action plans as well as handle unexpected events during execution, this approach has the potential to improve the overall performance of LLMs. The ReAct model combines both reasoning and acting abilities of large language models to achieve state-of-the-art results in various benchmarks. It also demonstrates its potential for improving the capabilities of language models by using reasoning traces to help induce, track, and update action plans as well as handle unexpected events during execution.'

4.4.3 Refine 策略：循序迭代

Refine 策略與 MapReduce 策略類似，也分多輪逐步進行推理，如圖 4-3 所示。但是，它每一輪的輸入都只包含一個文件，以及之前輪次的中間回答。

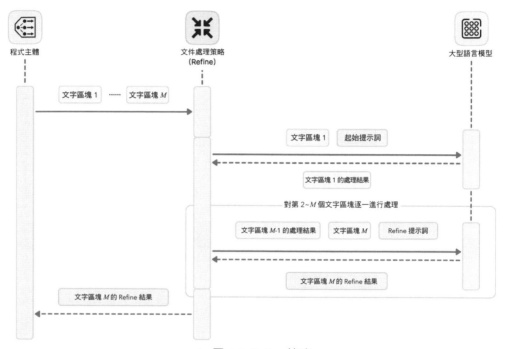

▲ 圖 4-3 Refine 策略

具體來說，Refine 策略的處理流程如下。

（1）初始化一個空的 Context 上下文變數。

（2）遍歷每個文件，將其與 Context 拼接作為提示詞的上下文部分輸入問答模型。

（3）大型語言模型生成的回答作為新的 Context，供下一輪使用。

（4）重複步驟 2 和步驟 3，直到完成所有文件的處理。

（5）得到的最後一個 Context 即為最終回答。

Refine 策略的主要優勢如下。

（1）每次只需要針對一個文件生成回答，避免了過長的 Context。

（2）回答是逐步推理和完整的，而非一次性塞入所有資訊。

（3）可以自訂每輪的提示詞範本，實現更精細的控制。

但是 Refine 策略也存在以下限制。

（1）文件的順序對結果有很大影響，需要智慧排序。

（2）計算量與文件量線性相關，時間成本高。

（3）往往需要更多的輪次才能收斂，效率不如 MapReduce 策略高。

因此，Refine 策略對提示詞設計和文件排序技巧的要求更高，但可以產生更流暢、連貫的回答。它更適合交叉連結性強的文件集，在文件量適中時效果最佳。

下面我們來看一下對應的 LCEL 實現，繼續使用 ReAct 論文總結場景，這次大家可以著重關注 Refine 策略用到的兩組不同的提示詞，以及循環過程的建構方式。

```
from functools import partial
from operator import itemgetter

from langchain_core.prompts import PromptTemplate, format_document
from langchain_core.output_parsers import StrOutputParser
from langchain_community.chat_models import ChatOllama
from langchain_community.document_loaders import ArxivLoader
from langchain.text_splitter import RecursiveCharacterTextSplitter

# 載入 arXiv 上的論文 ReAct: Synergizing Reasoning and Acting in Language Models
loader = ArxivLoader(query="2210.03629", load_max_docs=1)
docs = loader.load()

# 把文字分割成 500 個字元為一組的部分
text_splitter = RecursiveCharacterTextSplitter(
```

```
        chunk_size = 500,
        chunk_overlap = 50
    )
    chunks = text_splitter.split_documents(docs)

    llm = ChatOllama(model="llama2-chinese:13b")

    # 建構工具函數：將 Document 轉換成字串
    document_prompt = PromptTemplate.from_template("{page_content}")
    partial_format_document = partial(format_document, prompt= document_prompt)

    # 建構 Context 鏈：總結第一個文件並作為後續總結的上下文
    first_prompt = PromptTemplate.from_template("Summarize this content:
\n\n {context}")
    context_chain = {"context": partial_format_document} | first_prompt | llm |
StrOutputParser()

    # 建構 Refine 鏈：基於上下文（上一次的總結）和當前內容進一步總結
    refine_prompt = PromptTemplate.from_template(
        "Here's your first summary: {prev_response}. "
        "Now add to it based on the following context: {context}"
    )
    refine_chain = (
        {
            "prev_response": itemgetter("prev_response"),
            "context": lambda x: partial_format_document(x["doc"]),
        }
        | refine_prompt
        | llm
        | StrOutputParser()
    )

    # 建構一個負責執行 Refine 迴圈的函數
    def refine_loop(docs):
        summary = context_chain.invoke(docs[0])
        for i, doc in enumerate(docs[1:]):
            summary = refine_chain.invoke({"prev_response": summary, "doc": doc})
        return summary

    refine_loop(chunks[:4])
```

"In this paper, we propose a novel approach called REACT that integrates
reasoning traces and acting capabilities within a single framework to improve the
overall performance of large language models (LLMs). By interleaving reasoning and
acting, we can synergize the two cognitive abilities and enhance the capabilities
of LLMs in various applications such as natural language processing, human-
computer interaction, and cognitive systems.\n\nOur approach addresses issues of
hallucination and error propagation in chain-of-thought reasoning by interacting
with a simple Wikipedia API and generating human-like task-solving trajectories
that are more interpretable than baselines without reasoning traces. Furthermore,
on two interactive decision making benchmarks (ALFWorld and WebShop), ReAct
outperforms imitation and reinforcement learning methods by an absolute success
rate of 34% and 10% respectively, while being prompted with natural language
commands.\n\nREACT's potential for improving the capabilities of LLMs in various
applications is significant, especially when it comes to dealing with open-
ended questions or conversation scenarios where reasoning traces are essential
to handling ambiguity and uncertainty. By leveraging the strengths of reasoning
and acting together with synergistic integration, REACT has the potential to
revolutionize various applications of language and cognitive systems.\n\nIn
addition, we explore different components of REACT to provide insights into how
they contribute to its overall performance. We also suggest potential avenues for
future research to further enhance the capabilities of LLMs. Our proposed model,
REACT, has the potential to overcome existing limitations and provide improved
human interpretability and trustworthiness in various applications.\n"

LangChain 提供了 3 種常用且高效的文件處理策略。我們可以根據文件量、文件連結性及回應效率，選擇合適的文件處理策略來進行文件處理業務的建構。正確使用文件處理策略，能大幅度提升問答對多文件理解和利用的能力。

4.5 LCEL 語法解析：RunnableLambda 和 RunnableMap

在前文的場景程式範例中，我們使用了一個「包含函數的字典」語法結構來為提示詞範本準備內容，這裡涉及兩個 LCEL 中非常重要且特別常用的概念，分別是 RunnableLambda 和 RunnableMap。

4.5.1 RunnableLambda

RunnableLambda 是 LCEL 運算式中的類別，它用於將任意函數或程式定義和執行為可執行任務。RunnableLambda 提供了多種方法和功能，用於綁定參數、設定可執行任務、同步呼叫、將輸入映射到輸出等。

RunnableLambda 有兩種常見的表現形式，一種是直接使用 Python 的 Lambda 函數運算式。

```
lambda docs: "\n\n".join(
    format_document(doc, doc_prompt) for doc in docs
)
```

另一種可以被看作是 LangChain 對 Python 函數的封裝，官方範例如下。

```python
from operator import itemgetter

from langchain_core.runnables import RunnableLambda
from langchain_core.prompts import ChatPromptTemplate
from langchain_community.chat_models import ChatOllama

# 具有單一參數的函數可以直接被 RunnableLambda 封裝
def length_function(text):
    return len(text)

# 具有多個參數的函數需要先被封裝成具有單一參數的函數，再傳遞給 RunnableLambda
def _multiple_length_function(text1, text2):
    return len(text1) * len(text2)

def multiple_length_function(_dict):
    return _multiple_length_function(_dict["text1"], _dict["text2"])

prompt = ChatPromptTemplate.from_template("what is {a} + {b}")
model = ChatOllama(model="llama2-chinese:13b")

chain1 = prompt | model

chain = (
    {
```

```
            "a": itemgetter("foo") | RunnableLambda(length_function),
            "b": {"text1": itemgetter("foo"), "text2": itemgetter ("bar")}
            | RunnableLambda(multiple_length_function),
    }
    | prompt
    | model
)
chain.invoke({"foo": "bar", "bar": "gah"})
```

```
AIMessage(content='12')
```

需要特別注意的是，這些 RunnableLambda 的所有輸入必須是單一參數。如果有一個接收多個參數的函數，則應該撰寫一個接收單一輸入並將其解壓縮為多個參數的包裝器。

此外，我們還可以在 RunnableLambda 中同時封裝同步和非同步方法，以便配合呼叫鏈在同步或非同步上下文中使用。

```
from langchain_core.runnables import RunnableLambda

def add_one(x: int) -> int:
    return x + 1

runnable = RunnableLambda(add_one)

runnable.invoke(1)                              # 傳回 2
runnable.batch([1, 2, 3])                       # 傳回 [2, 3, 4]

# 在預設情況下，透過呼叫同步函數實現來支援非同步呼叫
await runnable.ainvoke(1)                        # 傳回 2
await runnable.abatch([1, 2, 3])                 # 傳回 [2, 3, 4]

# 同時準備同步和非同步函數實現，由 RunnableLambda 一同封裝，隨選使用
async def add_one_async(x: int) -> int:
    return x + 1

runnable = RunnableLambda(add_one, afunc=add_one_async)
runnable.invoke(1)                               # 使用 add_one
await runnable.ainvoke(1)                        # 使用 add_one_async
```

4.5.2 RunnableMap

RunnableMap 更加直白，也特別常用，它通常以一個字典結構出現，它的大致執行邏輯如下。

（1）字典中的每個屬性都會接收相同的輸入參數。

（2）LCEL 使用這些參數並行地呼叫設定為字典的屬性值的 Runnable 物件（或函數）。

（3）LCEL 使用每個呼叫的傳回值（按鍵值關係）填充字典物件。

（4）將填充完資料的字典物件傳遞給 Runnable Sequence 中的下一個 Runnable 物件。

RunnableMap 允許在兩個 Runnable 物件之間（雖然通常出現在 Runnable Sequence 的第一個元素中）插入資料處理和轉換的邏輯。因此通常我們可以使用 RunnableMap 靈活地實現兩個 Runnable 物件之間的調配和過渡，常見的處理行為如下。

（1）從上游物件輸出中，提取需要的資料作為下游物件的輸入。

（2）對資料進行處理，生成下游物件需要的新資料。

（3）直接透傳上游物件的原始輸入資料。

因此，RunnableMap 是建構複雜 Runnable Sequence 的關鍵一環。它像黏合劑一樣，把多個 Runnable 物件黏合在一起。透過 RunnableMap，我們可以銜接、調配一個長的語言處理流程，自由調整不同物件之間的資料流程。

最後但也是非常重要的一點：RunnableMap 的「真身」其實是 RunnableParallel，它的核心可以輕鬆並存執行多個 Runnable 物件，並且將這些 Runnable 物件的輸出作為映射傳回。我們可以透過以下範例更清楚地看到 RunnableParallel 提供的並行呼叫 Runnable 物件的能力。

```python
from langchain_core.prompts import ChatPromptTemplate
from langchain_core.runnables import RunnableParallel
from langchain_community.chat_models import ChatOllama

model = ChatOllama(model="llama2-chinese:13b")

joke_chain = ChatPromptTemplate.from_template(" 講一句關於 {topic} 的笑話 ") | model
poem_chain = ChatPromptTemplate.from_template(" 寫一首關於 {topic} 的短詩 ") | model

# 透過 RunnableParallel 來並存執行兩個呼叫鏈
map_chain = RunnableParallel(joke=joke_chain, poem=poem_chain)
map_chain.invoke({"topic": " 小白兔 "})
```

5

第5章
文件導向的對話機器人實戰

　　文件導向的對話機器人是 LangChain 可以實現的較複雜但非常實用的應用場景。簡單來說，就是上傳文件給 AI，使用者可以根據文件的內容與 AI 進行問答和閒聊。在這種場景下，AI 需要理解文件內容，以便回答具體問題。與此同時，當問題超出文件範圍時，AI 還需要具有開放領域對話的能力。

　　這個場景的典型應用是企業內部的文件對話機器人。隨著組織規模的擴大，研發及業務團隊的文件數量激增，新員工學習的門檻提高。如果可以將這些文件上傳給 AI，實現輕鬆問答和聊天，就可以事半功倍地提高新員工的學習效率。

　　LangChain 為實現文件對話機器人提供了完整的模組和元件。

　　（1）需要一個文件載入器，將文件輸入系統。既支援直接上傳本地文件，也可以整合公司文件儲存服務。

　　（2）對長文件進行分割，生成適合長度的部分，此步驟透過文字分割器完成。

　　（3）先使用向量化模型將文字映射為向量，然後儲存到向量儲存，建構私域資料儲存。

　　（4）當使用者提出問題時，使用 Retriever 從向量儲存中檢索相關文件內容。

　　（5）將使用者問題及相關內容組合為提示詞，透過建構對話式的 RAG 呼叫鏈，呼叫大型語言模型生成回應。

　　（6）在對話過程中使用 Memory 儲存上下文，確保回答連貫一致。當問題超出文件範圍時，對話模型可以配合開放領域知識提供解答。

5.1　場景程式範例

　　下面我們一起看一個基於 LCEL 完成的文件對話機器人的基礎實現。

```python
from operator import itemgetter

from langchain_core.prompts import ChatPromptTemplate, PromptTemplate,
format_document
from langchain_core.output_parsers import StrOutputParser
from langchain_core.runnables import RunnablePassthrough, RunnableLambda
from langchain_community.chat_models import ChatOllama
from langchain_community.embeddings import OllamaEmbeddings
from langchain_community.vectorstores.faiss import FAISS
from langchain_community.document_loaders import ArxivLoader
from langchain.text_splitter import RecursiveCharacterTextSplitter

# 載入 arXiv 上的論文 ReAct: Synergizing Reasoning and Acting in Language Models
loader = ArxivLoader(query="2210.03629", load_max_docs=1)
docs = loader.load()

# 把文字分割成 200 個字元為一組的部分
text_splitter = RecursiveCharacterTextSplitter(chunk_size=200,
chunk_overlap=20)
chunks = text_splitter.split_documents(docs)

# 建構 FAISS 向量儲存和對應的 Retriever
vs = FAISS.from_documents(chunks[:10], OllamaEmbeddings(model=
"llama2-chinese:13b"))
# vs.similarity_search("What is ReAct")
retriever = vs.as_retriever()

# 建構 Document 轉文本段落的工具函數
DEFAULT_DOCUMENT_PROMPT = PromptTemplate.from_template
(template="{page_content}")
def _combine_documents(
    docs, document_prompt=DEFAULT_DOCUMENT_PROMPT, document_separator=
"\n\n"
):
    doc_strings = [format_document(doc, document_prompt) for doc in docs]
    return document_separator.join(doc_strings)

# 準備 Model I/O 三元組
template = """Answer the question based only on the following context:
{context}
```

```
Question: {question}
"""
prompt = ChatPromptTemplate.from_template(template)
model = ChatOllama(model="llama2-chinese:13b")

# 建構 RAG 鏈
chain = (
    {
        "context": retriever | _combine_documents,
        "question": RunnablePassthrough()
    }
    | prompt
    | model
    | StrOutputParser()
)
chain.invoke(" 什麼是 ReAct ？")
```

'"ReAct：SYNERGIZING REASONING AND ACTING IN LANGUAGE MODELS" 是一篇由 Department of Computer Science, Princeton University 和 Google Research 的 Brain team 合作在 ICLR 2023 發表的研究論文。ReAct 旨在探索 LLMs 用於生成任務解釋軌跡和任務特定動作的方法，以最佳化解決問題之間的交織關係。'

5.2 場景程式解析

上面的場景範例程式基本上實現了「基於文件內容來回答使用者問題」的基礎流程，下面我們一起了解一下大致的程式邏輯。

（1）載入文件和前置處理：從 arXiv 網站載入 ReAct 的論文，但這次我們把它分割成 200 個字元的文字區塊（之前是 500 個字元）。這是為了讓後續的檢索可以更細粒度地匹配到近似度較高的文字內容（文字區塊越大，越容易被匹配，但也會產生更多對回答使用者問題無用的上下文）。

（2）建構向量儲存和檢索器：基於前 10 個文字區塊建構 FAISS（Facebook AI Similarity Search）向量儲存和相應的檢索器。

- FAISS 是一個用於高效相似性搜尋和密集向量聚類的函數庫，它包含的演算法可以搜尋任意大小的向量集。

- 這裡使用 FAISS.from_documents 方法來將文件匯入向量儲存，該方法具有文件列表和要使用的 Embedding 模型兩個參數。

- 使用向量儲存的 as_retriever 方法可以直接得到綁定該向量儲存的檢索器實例物件。

（3）準備 Model I/O 三元組和工具函數：這部分比較直白，唯一要注意的是這裡的工具函數的作用。檢索器傳回的結果是一組 Document 物件，但輸入給提示詞範本作為上下文的內容需要是字串，所以必須使用一個這樣的工具函數來完成文件內容的提取和字串化的工作。

（4）建構 RAG 鏈：這部分是整個流程的核心，大致分為兩步。

- 準備上下文，從文件中檢索出和使用者問題最相關的內容，把它取出來並拼接成一段參考文字。

- 利用 Model I/O 三元群組完成對使用者問題的回答，提示詞中會包含使用者的問題內容和步驟 1 中獲得的上下文。

隨著最後執行 invoke 方法，我們將得到基於文件內容的回答。下面將進一步介紹 RAG 的核心思想及 LangChain 的相關演算法。

5.3　RAG 簡介

RAG 是在人工智慧領域中一個非常熱門的技術，它主要用於建構針對特定領域的對話機器人，可以實現僅透過幾行程式就讓機器人「讀懂」給定的文件並回答問題的效果。

5.3.1　什麼是 RAG

RAG 的核心思想是，將使用者的問題輸入一個檢索系統，系統先從事先準備好的知識庫中查詢與問題最相關的幾段文字，然後將這些文字和原問題一起輸送給一個大型語言模型，大型語言模型就可以綜合這些資訊來生成針對性強的回覆。

所以 RAG 由以下幾個關鍵步驟組成，如圖 5-1 所示。

（1）基於外部資料建構知識庫索引：將知識庫中的文件轉為向量索引，以便進行相似度匹配和查詢。

（2）在知識庫中檢索與使用者問題相關的內容：當收到使用者問題時，基於向量索引從知識庫中快速查詢與問題最相關的幾段文字。

（3）基於檢索的內容增強應答內容生成：將檢索結果和原問題一起輸入大型語言模型，生成回覆。

RAG 系統的優勢在於，與單純依賴大型語言模型自己的知識回答問題相比，給模型提供相關的外部資訊可以明顯提升回覆的品質，變得更有針對性，更符合場景需求。同時，只取最相關的幾段文字而非整篇文件，可以減少輸入量，提高效率。

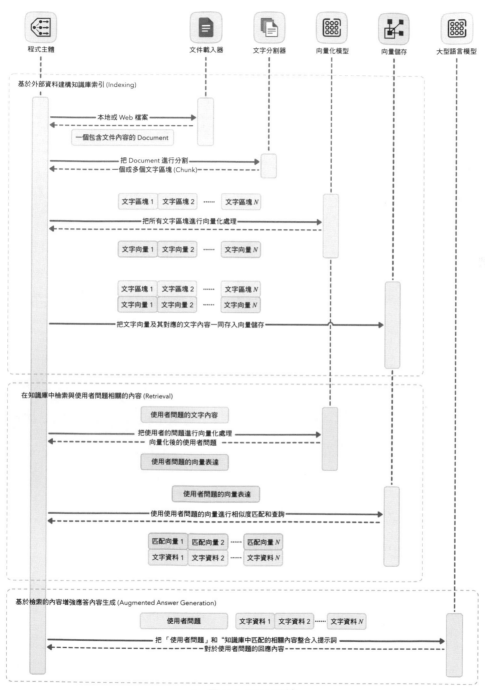

▲ 圖 5-1 RAG 系統

5.3.2 RAG 的工作原理

深入了解 RAG 的工作原理，我們需要逐步解析其中的每一個步驟。

1．建構知識庫索引

這一步的目標是將我們準備的用來訓練對話機器人的文件或網站知識庫轉為可以快速搜尋的格式。具體來說，要完成以下工作。

（1）使用文件載入器載入知識庫：文件載入器負責抓取文件，提取文件的原始文字。

（2）使用文字分割器對文件進行分割：對一個長文件來說，可能其中只有幾段文字和使用者的問題相關。所以這裡要將文件分割成語義完整的部分（當然，將文件分割成多少個部分也是需要透過實際偵錯的，不是一個固定的、可直接計算的數值）。

（3）使用 Embedding 模型生成向量表示：使用預訓練好的 Embedding 模型為每一個文字部分生成一個固定長度的連續向量，這是存入向量儲存的基礎。

（4）建構向量索引：將所有文字部分的向量表示和原文儲存在向量搜尋引擎中，比如 FAISS、Pinecone、Milvus、Chroma 等。

完成這一步後，知識庫就變成了一個可搜尋的向量資料庫。

2．基於知識庫進行檢索

當接收到使用者的問題時，RAG 按以下步驟進行相關內容的檢索。

（1）使用相同的 Embedding 模型將問題轉為向量表示。注意一定要使用相同的 Embedding 模型，不同 Embedding 模型的演算法和向量空間維度不同。

（2）在向量索引中找出與問題向量最相似的 N 個文字向量。注意這一步使用的是向量儲存的相似度匹配、查詢能力，常見誤區是 Embedding 模型具有查詢能力，實際上 Embedding 模型只負責生成文字向量表示的資料。

（3）傳回對應的原文文字作為相關內容。注意原文文字是隨文字向量一起存入向量儲存的，通常一起被存入的還可以有一些文件的中繼資料，它們可以隨向量查詢的結果一起被取出。

透過快速的向量相似度匹配和查詢，我們可以從巨量文字中即時定位出與使用者問題最相關的文件部分。

3・基於檢索內容增強生成

拿到相關內容之後，我們將其與原問題一起輸送給大型語言模型，輔助其生成答案。

（1）使用系統提示作為首碼，指示大型語言模型我們提供了相關內容，要綜合考慮後進行回答。

（2）將相關內容和問題按自訂的格式進行拼接。可以將相關內容標注為來源，以示區分。

（3）將組裝好的文字作為提示詞輸入大型語言模型，生成回覆。

增強生成是 RAG 的最後一步，也是整個流程的目標和焦點。大型語言模型可以充分利用提供的外部資訊，舉出針對性強且語義連貫的回答。

透過上面的描述，我們可以看到，RAG 為建構特定領域的對話機器人提供了清晰、高效的工作流程。它結合了向量搜尋的強大檢索能力和大型語言模型的生成能力，使我們只需要撰寫少量程式就可以實現顯著的問答增強效果。隨著這一領域的快速發展，未來 RAG 系統的性能還將持續提升。

5.4 LangChain 中的 RAG 實現

在前面的場景範例程式中我們已經看到可以透過 LCEL 實現文件對話機器人的基本邏輯，下面我們結合 RAG 的工作原理重溫 LangChain 的實現方式。

　　首先，LangChain 內建了各種各樣的文件載入器，可以輕鬆載入不同格式的文件作為知識庫的素材，比如從本地檔案、網站、資料庫等獲取文件。文件載入器會自動進行提取純文字、清理無用資訊等工作，直接輸出我們需要的文字文件。常見及常用的文件載入器如下。

（1）TextLoader：從本地文字檔載入文字。

（2）WebBaseLoader：從網頁抓取文字。

（3）WikipediaLoader：從維基百科載入項目。

（4）JSONLoader：從 JSON 檔案載入結構化文字。

（5）CSVLoader：從 CSV 檔案載入表格資料。

這些實用的文件載入器為我們準備豐富的知識庫提供了極大便利。

　　然後，對於知識庫索引中最關鍵的文字分割步驟，LangChain 提供了強大的文件處理器模組。內建的文字分割器可以按段落、句子等進行分割，也可以基於文字的標題（Heading）結構進行分割。此外，開發者還可以訂製分割的邏輯。

　　更強大的是，文件處理器模組不僅包含文字分割器，還提供了多種文件轉換的工具，例如：清理 HTML 標籤、數字等雜訊；提取文件的詮譯資訊，比如標題、作者等；將文件翻譯成其他語言；透過 OpenAI 的函數呼叫能力提取文件的語義資訊等。這些文件處理器使後續的向量化和索引更加靈活。

　　在準備好文件之後，除了 LCEL 的方式，LangChain 也提供了只需要幾行程式就可以建構向量索引和提供檢索的 Off-the-Shelf 功能類別，以下是一個簡單的範例。

```
from langchain_community.document_loaders import WebBaseLoader
from langchain.indexes import VectorstoreIndexCreator

loader = WebBaseLoader("http://www.paulgraham.com/greatwork.html")
index = VectorstoreIndexCreator().from_loaders([loader])
index.query("What should I work on?")
```

在範例中，在 VectorstoreIndexCreator 這個核心類別內部，索引模組會自動進行分割、向量化、寫入向量資料庫等操作。查詢時也封裝了向量搜尋的邏輯，直接傳回最相關的文件。

當然，更常見的使用場景是透過和向量儲存連結綁定的 Retriever 模組來完成的。Retriever 模組本質上是一個介面，它根據非結構化查詢傳回文件。Retriever 模組比向量儲存更通用，它不需要能夠儲存文件，只需要傳回（或檢索）文件。向量儲存通常被用作 Retriever 模組的基建和底座，但也有其他類型的檢索器可以不依賴於向量儲存或會透過更複雜的邏輯來提升向量儲存的檢索能力，我們將在下一節中為大家介紹一些常用的檢索器演算法。

5.5　Retriever 模組的實用演算法概覽

Retriever 模組的工作步驟如下。

（1）查詢分析：首先分析輸入的查詢，確定檢索的關鍵字和參數。

（2）資料來源選擇：根據查詢的性質選擇合適的資料來源。

（3）資訊檢索：從選定的資料來源中檢索相關資訊。

（4）結果整合：將檢索到的資訊整合並格式化，以便進一步處理或直接展示。

基於以上工作步驟，Retriever 模組其實並不僅在檢索增強生成這一個領域中可用，它在一些常見的場景中都可以發揮作用，例如以下場景。

（1）問答系統：在問答系統中，Retriever 模組可以用來檢索回答問題所需的外部資訊。

（2）內容生成：在內容生成應用中，Retriever 模組可以用來獲取背景資訊，以豐富和支援生成的內容。

（3）資料分析：在資料分析應用中，Retriever 模組可以用來收集和整理相關資料，以支援更深入的分析。

為了更有效地提升 Retriever 模組輸出結果的準確性，我們可以在 Retriever 模組的工作邏輯中引入更多的流程設計，這些設計被稱為 Retriever 演算法或檢索演算法。下面我們將為大家介紹幾個實用的演算法，並且逐一進行解析。LangChain 內建的一些 Retriever 演算法如表 5-1 所示，我們可以先了解一下這些演算法各自專注的最佳化領域。

▼ 表 5-1　LangChain 內建的一些 Retriever 演算法

演算法名稱	核心類別	是否使用 LLM	最佳化查詢分析	最佳化資料來源	最佳化資訊檢索	最佳化結果整合
檢索器融合	Ensemble Retriever	否				聚合不同檢索器的匹配結果
上下文壓縮	Contextual Compression Retriever	用於基於上下文壓縮檢索結果				基於上下文壓縮／總結檢索結果
自組織查詢	SelfQuery Retriever	用於生成可用的條件查詢			使用附帶中繼資料的條件查詢	
時間戳記權重	Time Weighted VectorStoreRetriever	否		資料來源附帶時間戳記中繼資料		按時間權重對匹配結果二次排序
父文件回溯	Parent Document Retriever	否		用小（子）文字區塊進行索引		用大（父）文字區塊作為提示上下文
多維度回溯	MultiVectorRetriever	可用於生成總結、假設性問題		多種資料來源，如小文字、總結、假設性問題		用父文字區塊作為提示上下文
多角度查詢	MultiQueryRetriever	用於從原始查詢生成多個查詢	生成多個針對來源問題的子查詢			

5.5.1　檢索器融合

我們首先從 Retriever 模組工作流程的尾部看起——將檢索到的資訊整合並格式化，以最佳化提示詞中的上下文。這裡最直接的想法就是整合、合併多個檢索演算法的結果，LangChain 提供了 EnsembleRetriever 檢索器，它可以整合多個不同的檢索器，大致的執行流程如下。

（1）輸入一組不同的檢索器，並且為它們分配權重。

（2）呼叫每個檢索器的 get_relevant_documents 方法，獲取各自的相關文件結果。

（3）基於 Reciprocal Rank Fusion（RRF）演算法，對各檢索器的結果進行融合排名後，隨選輸出前 N 項結果。

檢索器融合這種整合方式可以發揮不同檢索器的優勢，以尋求比單一檢索器更好的效果，也被稱為「混合檢索」（Hybrid Search）。最常見的組合是稀疏匹配（如 BM25 演算法）的檢索器和密集匹配（如向量相似度）的檢索器，因為兩者優勢互補。稀疏匹配的檢索器擅長透過關鍵字匹配獲取相關文件，密集匹配的檢索器擅長透過語義相似度獲取相關文件。

EnsembleRetriever 檢索器提供了一個靈活的框架，可以自由加入新的檢索器，下面我們結合一段官方範例來看一下它的使用方式。

```python
from langchain_openai import OpenAIEmbeddings
from langchain_community.vectorstores import FAISS
from langchain.retrievers import BM25Retriever, EnsembleRetriever

# 初始化稀疏匹配的檢索器，這裡使用 BM25Retriever
bm25_retriever = BM25Retriever.from_texts(doc_list)
bm25_retriever.k = 2

# 初始化密集匹配的檢索器，這裡使用 FAISS 向量儲存綁定 Retriever
embedding = OpenAIEmbeddings()
faiss_vectorstore = FAISS.from_texts(doc_list, embedding)
```

```
faiss_retriever = faiss_vectorstore.as_retriever(search_kwargs = {"k": 2})

# 初始化 EnsembleRetriever 檢索器：傳入兩個檢索器，並且設定它們的融合權重
ensemble_retriever = EnsembleRetriever(
    retrievers=[bm25_retriever, faiss_retriever], weights=[0.5, 0.5]
)

docs = ensemble_retriever.get_relevant_documents("<raw question here>")
```

5.5.2 上下文壓縮

本節以 ContextualCompressionRetriever 為例，介紹上下文壓縮。ContextualCompressionRetriever 的目標是避免 Retriever 模組檢索到的內容過於冗長從而加重大型語言模型推理的負載（和費用銷耗）。它的實現方式也很簡單：使用給定查詢的上下文來壓縮檢索的輸出，以便只傳回相關資訊，而非立即按原樣傳回檢索到的文件。這裡的「壓縮」既可以是壓縮單一文件的內容，也可以是批次過濾文件。上下文壓縮檢索如圖 5-2 所示。

使用上下文壓縮檢索器，我們需要有一個基本的檢索器和一個專門的文件壓縮器。上下文壓縮檢索器會先將查詢傳遞到基本檢索器，獲取初始文件後將它們傳遞到文件壓縮器；文件壓縮器獲取文件串列並透過減少文件內容或完全刪除文件來達到壓縮的效果。下面我們透過一個官方的範例來了解一下如何使用 ContextualCompressionRetriever 和 LLMChainExtractor 進行上下文壓縮。

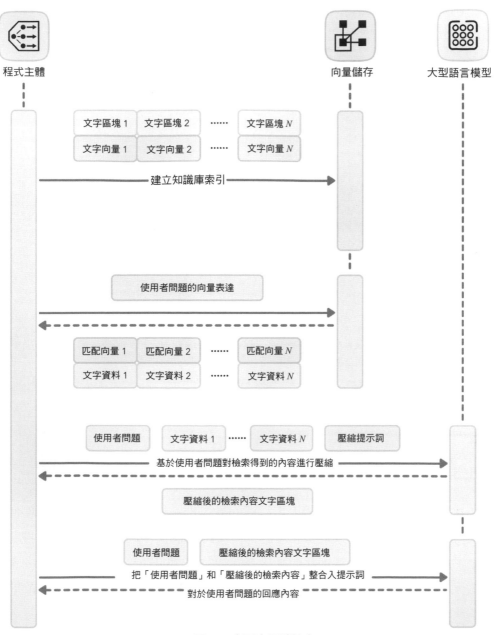

▲ 圖 5-2 上下文壓縮檢索

```
from langchain_openai import OpenAI OpenAIEmbeddings
from langchain_community.document_loaders import TextLoader
```

```
from langchain_community.vectorstores.faiss import FAISS
from langchain.text_splitter import CharacterTextSplitter
from langchain.retrievers import ContextualCompressionRetriever
from langchain.retrievers.document_compressors import LLMChainExtractor

# 透過各類文件載入器正常載入文件並透過文字分割器隨選進行分割
documents = TextLoader('/path/to/file').load()
text_splitter = CharacterTextSplitter(chunk_size=1000, chunk_overlap =0)
texts = text_splitter.split_documents(documents)

# 基於 FAISS 向量儲存建構基礎的檢索器
retriever = FAISS.from_documents(texts, OpenAIEmbeddings()). as_retriever()
# 初始文件可以透過基礎檢索器獲取，這一步在 ContextualCompressionRetriever 中完成
# docs = retriever.get_relevant_documents("<raw question here>")

# 基於 OpenAI 能力建構一個文件壓縮器，它將逐一處理初始文件並從每個文件中提取與查詢相關的內容
llm = OpenAI(temperature=0)
compressor = LLMChainExtractor.from_llm(llm)

# 最後把基礎檢索器和文件壓縮器傳入 ContextualCompressionRetriever，讓它進行問答的檢索，
對上下文進行壓縮處理並輸出結果
compression_retriever = ContextualCompressionRetriever
(base_compressor=compressor, base_retriever=retriever)
compressed_docs = compression_retriever.get_relevant_documents ("<raw
question here>")
```

5.5.3　自組織查詢

接著我們把 Retriever 模組工作流程的最佳化點移向「資訊檢索」。如何有效地檢索向量儲存中的大量資料，是直接使用一個文字問題進行相似度搜尋，還是可以適當地使用向量儲存的高級查詢能力（例如基於中繼資料配合向量一起檢索）？當我們選用的向量儲存確實具備高級查詢能力時，更進一步的問題就轉化成了如何透過大型語言模型生成向量儲存可辨識可使用的查詢敘述。於是，就有了自組織查詢（Self Querying）的檢索演算法實現，在 LangChain 中我們可以透過 SelfQueryRetriever 來完成自組織查詢。自組織查詢如圖 5-3 所示。

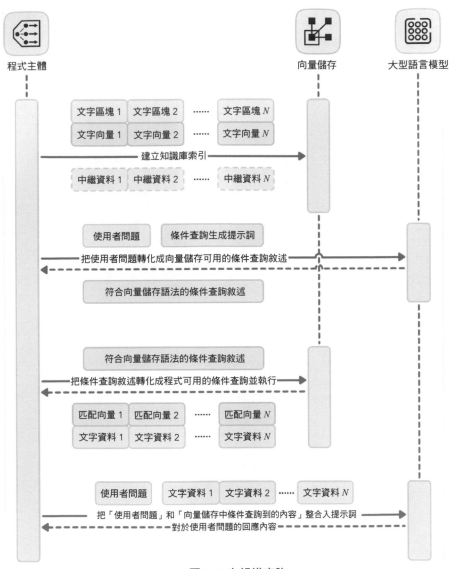

▲ 圖 5-3 自組織查詢

　　如圖 5-3 所示,當我們給定一個自然語言查詢,自組織檢索器會首先透過大型語言模型來撰寫一個結構化查詢,然後將該結構化查詢轉化成其底層向量儲存可辨識可使用的查詢敘述,最終應用於底層向量儲存從而獲得檢索結果。這種自組織查詢的流程設計不僅允許自組織檢索器將使用者查詢與儲存文件的

內容進行語義相似性比較，還可以儲存文件導向的中繼資料構造篩檢程式並把
這些篩檢程式應用到檢索過程中。

下面我們先透過一個官方範例來看一下如何使用 SelfQueryRetriever 來建構
自組織查詢能力。

```python
from langchain_openai import ChatOpenAI,OpenAIEmbeddings
from langchain_core.documents import Document
from langchain_community.vectorstores.chroma import Chroma
from langchain.retrievers.self_query.base import SelfQueryRetriever
from langchain.chains.query_constructor.base import AttributeInfo
# 準備一些實驗用的資料，請特別注意 metadata 中繼資料部分的內容
docs = [
    Document(
        page_content="A bunch of scientists bring back dinosaurs and mayhem
breaks loose",
        metadata={"year": 1993, "rating": 7.7, "genre": "science fiction"},
    ),
    Document(
        page_content="Leo DiCaprio gets lost in a dream within a dream within
a dream within a ...",
        metadata={"year": 2010, "director": "Christopher Nolan", "rating": 8.2},
    ),
    Document(
        page_content="A psychologist / detective gets lost in a series of
dreams within dreams within dreams and Inception reused the idea",
        metadata={"year": 2006, "director": "Satoshi Kon", "rating": 8.6},
    ),
    Document(
        page_content="A bunch of normal-sized women are supremely wholesome and
some men pine after them",
        metadata={"year": 2019, "director": "Greta Gerwig", "rating": 8.3},
    ),
    Document(
        page_content="Toys come alive and have a blast doing so",
        metadata={"year": 1995, "genre": "animated"},
    ),
    Document(
```

```
        page_content="Three men walk into the Zone, three men walk out of
the Zone",
        metadata={
            "year": 1979,
            "director": "Andrei Tarkovsky",
            "genre": "thriller",
            "rating": 9.9,
        },
    ),
]
# 這裡必須使用支援 Self Querying 的向量儲存（也就是具備一定的高級檢索能力的向量儲存）
vectorstore = Chroma.from_documents(docs, OpenAIEmbeddings())

# 【重要】定義在自組織查詢中用於提取結構化資料的資料結構（細化到屬性名稱、屬性描述、類型）
metadata_field_info = [
    AttributeInfo(
        name="genre",
        description="The genre of the movie. One of ['science fiction',
'comedy', 'drama', 'thriller', 'romance', 'action', 'animated']",
        type="string",
    ),
    AttributeInfo(
        name="year",
        description="The year the movie was released",
        type="integer",
    ),
    AttributeInfo(
        name="director",
        description="The name of the movie director",
        type="string",
    ),
    AttributeInfo(
        name="rating", description="A 1-10 rating for the movie", type="float"
    ),
]
# 提供文件主體內容的描述（也是結構化資料的一部分）
document_content_description = "Brief summary of a movie"

# 建構 SelfQueryRetriever：把以上準備的大型語言模型、向量儲存、結構化資料描述一併匯入
retriever = SelfQueryRetriever.from_llm(
```

```
    ChatOpenAI(temperature=0),
    vectorstore,
    document_content_description,
    metadata_field_info,
    # 透過這個參數讓檢索器可以辨識自然語言定義的文件傳回數量
    enable_limit=True,
)
```

在實際使用的時候，我們可以用以下方式進行查詢。

```
# 只查詢中繼資料
retriever.invoke("I want to watch a movie rated higher than 8.5")
# [Document(page_content='Three men walk into the Zone, three men walk out
of the Zone', metadata={'director': 'Andrei Tarkovsky', 'genre': 'thriller',
'rating': 9.9, 'year': 1979}),
#  Document(page_content='A psychologist / detective gets lost in a
series of dreams within dreams within dreams and Inception reused the idea',
metadata={'director': 'Satoshi Kon', 'rating': 8.6, 'year': 2006})]
```

```
# 既查詢中繼資料，又查詢文件內容
retriever.invoke("Has Greta Gerwig directed any movies about women")
# [Document(page_content='A bunch of normal-sized women are supremely wholesome
and some men pine after them', metadata={'director': 'Greta Gerwig', 'rating': 8.3,
'year': 2019})]
```

```
# 查詢多類別中繼資料
retriever.invoke("What's a highly rated (above 8.5) science fiction film?")
# [Document(page_content='A psychologist / detective gets lost in a
series of dreams within dreams within dreams and Inception reused the idea',
metadata={'director': 'Satoshi Kon', 'rating': 8.6, 'year': 2006}),
#  Document(page_content='Three men walk into the Zone, three men walk out
of the Zone', metadata={'director': 'Andrei Tarkovsky', 'genre': 'thriller',
'rating': 9.9, 'year': 1979})]
```

```
# 既查詢多類別中繼資料，又查詢文件內容
retriever.invoke("What's a movie after 1990 but before 2005 that's all about
toys, and preferably is animated")
# [Document(page_content='Toys come alive and have a blast doing so',
metadata={'genre': 'animated', 'year': 1995})]
```

```
# 只查詢內容，但限制文件傳回數量（需要開啟 enable_limit=True 設定項）
retriever.invoke("What are two movies about dinosaurs")
# [Document(page_content='A bunch of scientists bring back dinosaurs and mayhem
breaks loose', metadata={'genre': 'science fiction', 'rating': 7.7, 'year': 1993}),
#   Document(page_content='Toys come alive and have a blast doing so',
metadata={'genre': 'animated', 'year': 1995})]
```

在了解了 SelfQueryRetriever 的能力之後，我們還需要進一步挖掘一下它是如何做到結構化資料的提取和轉換的。先看簡單的部分，相對於把自然語言中的內容提取為結構化的查詢資料，把已經結構化的查詢資料轉為底層向量儲存可辨識可使用的資料結構是相對容易做到的。LangChain 提供了多個結構化查詢的轉換器（Structured Query Translator），SelfQueryRetriever 會在 from_llm 的工具方法中結合匯入的向量儲存類型自動地選擇與其對應的轉換器，同時提供了在 SelfQueryRetriever 的構造函數中直接綁定轉換器的方法。

```
from langchain.retrievers.self_query.chroma import ChromaTranslator

retriever = SelfQueryRetriever(
    # …,
    vectorstore=vectorstore,
    # 使用 Chroma 向量儲存，並且綁定與其對應的結構化查詢轉換器
    structured_query_translator=ChromaTranslator(),
)
```

之後，問題來到了 SelfQueryRetriever 最核心的部分，也就是如何把自然語言中的內容提取為結構化的查詢資料。為了一探究竟，我們把角度切換到 SelfQueryRetriever 的白盒 LCEL 實現方式。

```
from langchain.chains.query_constructor.base import (
    StructuredQueryOutputParser,
    get_query_constructor_prompt,
)
from langchain.retrievers.self_query.chroma import ChromaTranslator

# 這個是整個 SelfQueryRetriever 的核心，也就是建構提取結構化的查詢資料的提示詞
prompt = get_query_constructor_prompt(
    document_content_description,
```

```
    metadata_field_info,
)
# 對應的輸出解析器整理並匯出結構化的查詢資料
output_parser = StructuredQueryOutputParser.from_components()

# 建構 SelfQueryRetriever 的查詢資料獲取（呼叫）鏈
query_constructor = prompt | llm | output_parser

retriever = SelfQueryRetriever(
    query_constructor=query_constructor,
    vectorstore=vectorstore,
    structured_query_translator=ChromaTranslator(),
)
```

可以看到，整個 Retriever 模組的核心還是落在了提示詞及執行提示詞的大型語言模型本身的能力上。最後就讓我們看一下目前 SelfQueryRetriever 使用的預設提示詞，當然大家也可以基於此來自訂提示詞，從而更進一步地調配不同的大型語言模型。

```
Your goal is to structure the user's query to match the request schema
provided below.

    << Structured Request Schema >>
    When responding use a markdown code snippet with a JSON object formatted
in the following schema:

    ```json
    {
        "query": string \ text string to compare to document contents
        "filter": string \ logical condition statement for filtering documents
    }
    ```

    The query string should contain only text that is expected to match the
contents of documents. Any conditions in the filter should not be mentioned in
the query as well.

    A logical condition statement is composed of one or more comparison and
logical operation statements.
```

A comparison statement takes the form: `comp(attr, val)`:
- `comp` (eq | ne | gt | gte | lt | lte | contain | like | in | nin): comparator
    - `attr` (string): name of attribute to apply the comparison to
    - `val` (string): is the comparison value

A logical operation statement takes the form `op(statement1, statement2, ...)`:
    - `op` (and | or | not): logical operator
    - `statement1`, `statement2`, ... (comparison statements or logical operation statements): one or more statements to apply the operation to

Make sure that you only use the comparators and logical operators listed above and no others.
Make sure that filters only refer to attributes that exist in the data source.
Make sure that filters only use the attributed names with its function names if there are functions applied on them.
Make sure that filters only use format `YYYY-MM-DD` when handling timestamp data typed values.
Make sure that filters take into account the descriptions of attributes and only make comparisons that are feasible given the type of data being stored.
Make sure that filters are only used as needed. If there are no filters that should be applied return "NO_FILTER" for the filter value.

<< Example 1. >>
Data Source:
```json
{
    "content": "Lyrics of a song",
    "attributes": {
        "artist": {
            "type": "string",
            "description": "Name of the song artist"
        },
        "length": {
            "type": "integer",
            "description": "Length of the song in seconds"
        },
```

```
        "genre": {
            "type": "string",
            "description": "The song genre, one of "pop", "rock" or "rap""
        }
    }
}
```


User Query:
What are songs by Taylor Swift or Katy Perry about teenage romance under 3 minutes long in the dance pop genre

Structured Request:
```json
{
    "query": "teenager love",
    "filter": "and(or(eq(\"artist\", \"Taylor Swift\"), eq(\"artist\", \"Katy Perry\")), lt(\"length\", 180), eq(\"genre\", \"pop\"))"
}
```


<< Example 2. >>
Data Source:
```json
{
    "content": "Lyrics of a song",
    "attributes": {
        "artist": {
            "type": "string",
            "description": "Name of the song artist"
        },
        "length": {
            "type": "integer",
            "description": "Length of the song in seconds"
        },
        "genre": {
            "type": "string",
            "description": "The song genre, one of "pop", "rock" or "rap""
        }
```

```
        }
    }
    ```


User Query:
What are songs that were not published on Spotify

Structured Request:
```json
{
    "query": "",
    "filter": "NO_FILTER"
}
```


<< Example 3. >>
Data Source:
```json
{
    "content": "Brief summary of a movie",
    "attributes": {
    "genre": {
        "description": "The genre of the movie. One of ['science fiction',
'comedy', 'drama', 'thriller', 'romance', 'action', 'animated']",
        "type": "string"
    },
    "year": {
        "description": "The year the movie was released",
        "type": "integer"
    },
    "director": {
        "description": "The name of the movie director",
        "type": "string"
    },
    "rating": {
        "description": "A 1-10 rating for the movie",
        "type": "float"
    }
}
```

```
    }
    ```

    User Query:
    {query}

    Structured Request:
```

在這份提示詞中，我們可以清楚地看到幾個關鍵點。

（1）這是一份 LLM 模型導向的提示詞，主要利用大型語言模型文字補全的能力來完成推理。

（2）推理的提示方式是典型的 Few Shot，即提供少量樣例輸入和輸出來引導推理。

（3）整個提示詞最核心的部分就是 Structured Request Schema 約定，這裡定義了查詢語法和可以使用的關鍵字，以及多項推理輸出約束。

（4）document_content_description 和 metadata_field_info 被合併為一個 JSON 物件並作為資料來源來使用。

## 5.5.4　時間戳記權重

再往下，我們來到「資料來源選擇」這個流程，有技巧地控制檢索的源頭——即控制哪些資料以什麼樣的形式進入向量儲存，是存在很大調優的空間的。我們首先來看一個比較直觀的想法，讓資料都附帶上時間戳記中繼資料，這樣就可以按照「時間越近，相關度越高」的原則進行排序，由此檢索結果就考慮了文件本身內容的相關性，也綜合了使用者可能更關心新增和更新資訊的需求。與直接按時間排序相比，它避免了僅根據時間推送不相關文件的問題；與只根據語義排序相比，它進行了時間上的最佳化。

LangChain 透過 TimeWeightedVectorStoreRetriever 來支援基於時間戳記權重的檢索，這種融合了語義相似度和文件時間資訊的檢索方式，可以將兩種排序
```

結果進行組合，語義相似度較高且較新的文件會被排在前面。我們還可以設定時間衰減的參數，控制時間因素的權重大小，實現在查詢時新近關注程度的調節。TimeWeightedVectorStoreRetriever 在計算每個物件的相關度分數時，同時考慮了語義相似度和時間衰減兩個因素，相關度分數的計算公式為：語義相似度 +（1.0- 衰減率）^{物件被存取後經過的小時數}。這裡的關鍵是，時間計算基於物件最後被存取的時間，而非建立時間。也就是說，如果一個物件經常被存取，它的時間因數就能維持在一個較高的數值，不會衰減太快，這樣頻繁被存取的物件能始終保持較高的相關度分數，就像是保持著「新鮮度」一樣。

透過調節衰減率參數，可以控制時間因數的衰減速度，平衡語義匹配程度和「新鮮度」。整體來說，TimeWeightedVectorStoreRetriever 實現了對查詢的語義理解和對新資訊需求的組合考量。下面我們透過一段官方的範例程式來了解一下如何使用 TimeWeightedVectorStoreRetriever 及設定衰減率參數。

```python
from datetime import datetime, timedelta
import faiss

from langchain_core.schema import Document
from langchain_openai import OpenAIEmbeddings
from langchain_community.vectorstores import FAISS
from langchain_community.docstore import InMemoryDocstore
from langchain.retrievers import TimeWeightedVectorStoreRetriever

# 初始化向量儲存
embeddings_model = OpenAIEmbeddings()
embedding_size = 1536
index = faiss.IndexFlatL2(embedding_size)
vectorstore = FAISS(embeddings_model, index, InMemoryDocstore({}), {})

# 初始化 TimeWeightedVectorStoreRetriever，把衰減率設定得極低（接近 0，0 表示永不衰減）
retriever = TimeWeightedVectorStoreRetriever(
    vectorstore=vectorstore, decay_rate=0.0000000000000000000000001, k=1
)

# 為所有 Document 物件增加時間戳記中繼資料
```

```
yesterday = datetime.now() - timedelta(days=1)
retriever.add_documents(
     [Document(page_content="hello world", metadata={"last_accessed_at":
yesterday})]
)
retriever.add_documents([Document(page_content="hello foo")])

retriever.get_relevant_documents("<raw question here>")
```

5.5.5 父文件回溯

再往下，我們來到「資料來源選擇」流程，有技巧地控制檢索的源頭，即控制哪些資料以什麼樣的形式存入向量儲存，是存在很大調優的空間的。下面我們就為大家介紹兩個常用的檢索來源準備想法，它們的核心思想都是「細粒度檢索，粗粒度引用」。

首先是一個單一維度的檢索內容回溯。將輸入文字分割成小區塊和大區塊：小區塊透過向量空間建模，實現更準確的語義檢索；大區塊提供更完整的語義內容。這種方式被稱為父文件回溯，LangChain 提供了 ParentDocumentRetriever 來支援這種檢索演算法。下面我們結合官方提供的範例程式一起來閱讀和分析 ParentDocumentRetriever 的使用過程和使用要點。

ParentDocumentRetriever 有兩個核心元件：向量儲存和普通儲存。向量儲存用於儲存小區塊及其文字向量表示，普通儲存用於儲存大區塊的文件內容。

```
from langchain.storage import InMemoryStore
from langchain_openai import OpenAIEmbeddings
from langchain_community.vectorstores import Chroma

# 向量儲存用於儲存小區塊文件及其文字向量表示
vectorstore = Chroma(
    collection_name="split_parents", embedding_function= OpenAIEmbeddings()
)
# 普通儲存用於儲存大區塊文件，這裡使用記憶體作為普通儲存
store = InMemoryStore()
```

　　此外，我們定義父文件分割器和子文件分割器兩個不同部分粒度的文字分割器。

```
# 父文件分割器用於分割大區塊文件
parent_splitter = RecursiveCharacterTextSplitter(chunk_size=2000)
# 子文件分割器用於分割小區塊文件（文字部分的粒度需要小於父文件分割器分割後的文字部分粒度）
child_splitter = RecursiveCharacterTextSplitter(chunk_size=400)
```

　　基於這些元件，我們就可以構造 ParentDocumentRetriever 並進行檢索。

```
from langchain.retrievers import ParentDocumentRetriever

retriever = ParentDocumentRetriever(
    vectorstore=vectorstore,
    docstore=store,
    child_splitter=child_splitter,
    parent_splitter=parent_splitter,
)

# ParentDocumentRetriever 建構完成之後，可以直接增加文件、建立索引，後續文字分割和向量化
都在其內部完成
retriever.add_documents(docs)

# 使用 ParentDocumentRetriever 進行檢索只需要常規化地輸入問題即可
retrieved_docs = retriever.get_relevant_documents("some question")
```

　　由於 ParentDocumentRetriever 也是黑盒封裝其中的文字分割、向量化和檢索過程，我們結合圖 5-4 來和大家一窺其中的實現細節。

　　首先是文件增加過程。在呼叫 add_documents 增加文件時，會進行文件分割和大小文件儲存。

　　parent_splitter 分割出大區塊文件，為每個大區塊文件分配唯一 ID（預設為 UUID），並且儲存為 docstore 中的一筆記錄。

　　child_splitter 繼續分割出小區塊文件，小區塊文件存入 vectorstore，同時儲存父文件的 ID 作為中繼資料。

　　然後是文件檢索過程。在呼叫 get_relevant_documents 檢索相關文件時，進行小區塊文件匹配和父文件回溯。

　　從 vectorstore 中取出與查詢相關的小區塊文件，對小區塊文件進行順序遍歷，收集所有父文件的 ID。

　　使用父文件 ID 從 docstore 取出大區塊文件，傳回大區塊文件作為最終的檢索結果。

　　可以看出，索引和檢索實際上是在小區塊文件上進行的，但最終傳回的結果是大區塊文件。這種基於父文件回溯的檢索增強生成演算法，結合了小區塊文件語義表達的準確性和大區塊文件語義的完整性的優勢，從檢索演算法的設計角度來看具有以下特點。

　　（1）小區塊文件的語義表徵更加準確，所以利用小區塊文件檢索以提高匹配精度。

　　（2）大區塊文件提供完整語義內容，所以最終傳回大區塊文件以保證語義完整性。

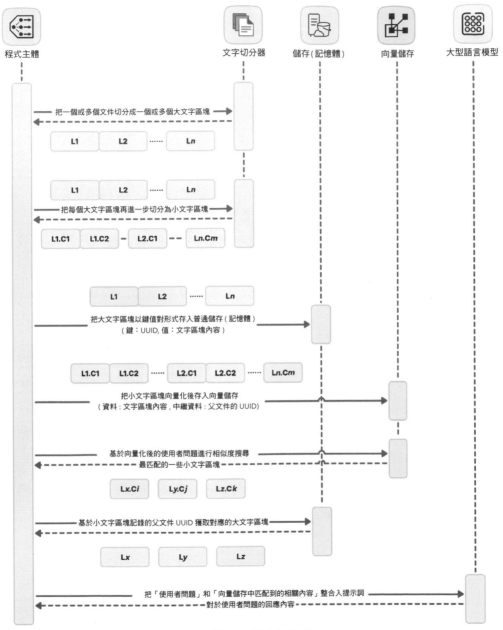

▲ 圖 5-4 父文件回溯

可以看出，父文件回溯檢索器嘗試解決建構文字區塊級索引和保證檢索文件語義完整性之間的矛盾。在具體的開發實踐中，我們還需要對關鍵參數進行調優，例如以下參數。

（1）調整 parent_splitter 和 child_splitter 的 chunk_size 來控制大小區塊文件的粒度，使之更貼合輸入文件的內容特性，從而提升語義的完整性和表徵的準確性。

（2）調整向量儲存使用的 embedding_function，可以選擇不同的開放原始碼模型、閉源模型、向量空間維度，使之更進一步地配合底層向量儲存的索引和檢索能力，從而實現更高品質的語義匹配。

根據實際需求調整這些參數，可以讓我們有機會獲得更加滿意的效果。同時，我們可以持續從流程角度來思考最佳化檢索效果的可行性，所以下面我們繼續為大家介紹第二種檢索內容回溯的檢索演算法設計想法。

5.5.6　多維度回溯

多維度回溯是指從多個不同維度建構的文件向量空間中進行檢索和結果整合的流程設計。在 LangChain 的實現中，我們可以透過 MultiVectorRetriever 來完成這個檢索演算法。MultiVectorRetriever 允許我們根據不同的維度建構文件向量，例如基於文字內容本身、基於文件摘要、基於假設的使用者查詢等。在檢索時，這些向量會被綜合考慮，從而實現多維度的語義匹配和結果整合。

首先我們需要建構檢索器，和建構 ParentDocumentRetriever 相似，我們需要先準備好向量儲存（vectorstore）和普通儲存（docstore）。

```python
from langchain_openai import OpenAIEmbeddings
from langchain_community.vectorstores import Chroma
from langchain.storage import InMemoryStore
from langchain.retrievers.multi_vector import MultiVectorRetriever

# 向量儲存用於儲存小區塊文件及其向量表示
vectorstore = Chroma(
    collection_name="split_parents", embedding_function= OpenAIEmbeddings()
)
```

```
# 普通儲存用於儲存大區塊文件，這裡使用記憶體作為普通儲存
store = InMemoryStore()

# 基於向量儲存和普通儲存，建構 MultiVectorRetriever。同時指定多維內容輸入所統一使用的 ID 標識
retriever = MultiVectorRetriever(
    vectorstore=vectorstore,
    docstore=store,
    id_key="doc_id",
)
```

其次我們需要為每個文件生成唯一 ID 以連結不同的向量空間。這些 ID 將被用作向量的中繼資料綁定每個向量對應的文件。

```
import uuid

doc_ids = [str(uuid.uuid4()) for _ in docs]
```

然後我們可以基於不同維度向向量儲存中增加文件向量。我們先增加基於文字部分的向量，這部分基本上就是複刻 ParentDocumentRetriever 中為大小區塊文件建立索引的過程。

（1）迭代每個文件，分割文件以獲得子塊。

（2）將每個子區塊儲存在向量儲存中，並且將連結文件的 doc_id 設定為中繼資料欄位。

```
from langchain.text_splitter import RecursiveCharacterTextSplitter

child_text_splitter = RecursiveCharacterTextSplitter(chunk_size =400)

# 迭代每個文件，分割文件以獲得子塊
sub_docs = []
for i, doc in enumerate(docs):
    _id = doc_ids[i]
    _sub_docs = child_text_splitter.split_documents([doc])

    # 將基礎文件的 ID 作為中繼資料一併存入
    for _doc in _sub_docs:
        _doc.metadata[id_key] = _id
    sub_docs.extend(_sub_docs)
```

特別需要注意的是，由於 MultiVectorRetriever 更加靈活和可訂製，文字分割和中繼資料綁定都需要我們手動來完成（而在 ParentDocumentRetriever 中，這個過程是在 Retriever 內部透過黑盒方式完成的）。此外，我們還需要手動將文件及其 ID 增加到文件庫中，如下所示。

```
retriever.vectorstore.add_documents(sub_docs)
```

接下來，我們可以為每個文件建立摘要。一般來說摘要可能能夠更準確地捕捉區塊的內容，從而實現更好的檢索。

```
from langchain_core.prompts import ChatPromptTemplate
from langchain_core.documents import Document
from langchain_core.output_parsers import StrOutputParser
from langchain_openai import ChatOpenAI

# 透過 LCEL 建構一個文件總結鏈
chain = (
    {"doc": lambda x: x.page_content}
    # 這裡只要求對文件內容進行簡單總結，可以根據實際需求進行調整（如指定主題或字數等）
    | ChatPromptTemplate.from_template("Summarize the following
document:\n\n{doc}")
    | ChatOpenAI(max_retries=0)
    | StrOutputParser()
)

# 使用 LCEL 的 batch 方法批次生成文件的總結內容
summaries = chain.batch(docs, {"max_concurrency": 5})
summary_docs = [
    # 注意需要將基礎文件的 ID 作為中繼資料一併存入
    Document(page_content=s,metadata={id_key: doc_ids[i]})
    for i, s in enumerate(summaries)
]

# 最後，手動將摘要增加到向量儲存
retriever.vectorstore.add_documents(summary_docs)
```

更進一步地，由於我們將文件的向量表達和使用者問題的向量表達進行匹配，因此如果我們建立特定文件的一些假設的使用者查詢並將它們儲存在向量儲存中，就可能得到更好的結果。下面的官方範例展示了透過 OpenAI Functions 的能力來生成多個使用者查詢假象。

```python
from langchain.output_parsers.openai_functions import
JsonKeyOutputFunctionsParser

# 建構 functions 函數，利用其參數生成使用者查詢假象
functions = [
    {
      "name": "hypothetical_questions",
      "description": "Generate hypothetical questions",
      "parameters": {
        "type": "object",
        "properties": {
          "questions": {
            "type": "array",
            "items": {
                "type": "string"
              },
          },
        },
        "required": ["questions"]
      }
    }
  ]


# 透過 LCEL 建構問題生成鏈
chain = (
    {"doc": lambda x: x.page_content}
    # 這裡只要求輸出 3 個使用者查詢假象中的使用者問題，可以根據實際需求進行調整
    | ChatPromptTemplate.from_template("Generate a list of 3 hypothetical
questions that the below document could be used to answer:\n\n{doc}")
    | ChatOpenAI(max_retries=0, model="gpt-4").bind(functions =functions,
function_call={"name": "hypothetical_questions"})
    | JsonKeyOutputFunctionsParser(key_name="questions")
  )
```

```
question_docs = []
for i, question_list in enumerate(hypothetical_questions):
    question_docs.extend(
        # 注意需要將基礎文件的 ID 作為中繼資料一併存入
        [Document(page_content=s,metadata={id_key: doc_ids[i]}) for s in
question_list]
    )

# 最後，手動將問題內容增加到向量儲存
retriever.vectorstore.add_documents(question_docs)
```

這樣，我們就在向量儲存中準備好了多個文件向量用於多維度檢索。對於
這些向量，我們需要確保增加 doc_id 作為中繼資料。多向量檢索器將處理其餘
部分，以從這些向量中檢索初始文件。最後我們將文件內容本身存入文件儲存
完成索引的建構。

```
retriever.docstore.mset(zip(doc_ids, docs))
```

有了多向量的儲存之後，我們就可以進行多維度檢索了。這時由
MultiVectorRetriever 負責查詢向量空間、解析中繼資料、回溯文件內容等整個流
程，外部使用者只需要透過 get_relevant_documents 方法傳入查詢敘述，就可以
獲得多向量檢索和整合的結果。

```
docs = retriever.get_relevant_documents("some question")
```

需要特別指出的是，以上 3 個維度的檢索來源資料都是可選的，我們在實
際使用過程中應該根據具體的用例來選擇匯入哪些內容，並且我們還可以為每
個文件建立其他維度的向量資料來源。下面我們來完整地瀏覽一下多維度回溯
的核心索引和檢索邏輯，如圖 5-5 所示。

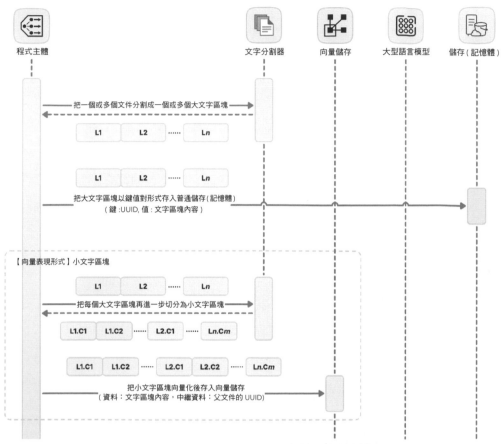

▲ 圖 5-5 多維度回溯的核心索引和檢索邏輯

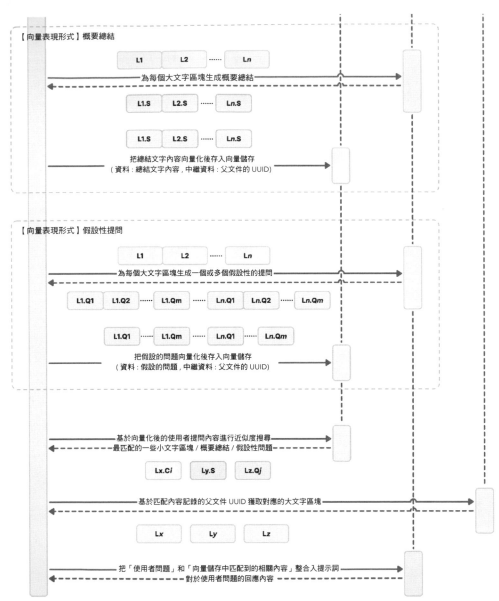

▲ 圖 5-5 多維度回溯的核心索引和檢索邏輯（續）

與單一文件向量的檢索相比，多維度回溯檢索演算法具有以下特點。

（1）文件摘要向量可以更準確地表達文件核心語義。

（2）使用者查詢向量可以更貼近實際應用場景的語義匹配需求。

（3）多向量空間實現多角度匹配，提高檢索品質。

（4）最終結果回溯到完整文件，保證輸出的語義完整性。

透過這樣的多維度設計，既發揮了細粒度向量的精準表達優勢，又保證了結果的完整性。在實際使用 MultiVectorRetriever 時，我們還需要注意以下幾點。

（1）根據場景需要，選擇適當的多向量空間建構方法，例如嘗試不同的 Embedding 模型。

（2）調整向量部分和摘要的粒度，控制向量空間的複雜度。

（3）根據查詢特點，設計更貼合常見的文件總結和使用者問題的提示詞。

父文件回溯和多維度回溯基於「細粒度檢索，粗粒度引用」的想法，實現了靈活而豐富的文件檢索方案。它們極佳地利用了向量空間建模的優勢，又透過結果回溯解決了完整性問題。可以預見，這類檢索演算法在未來的語義檢索與生成中，將發揮越來越大的作用。

5.5.7 多角度查詢

最後，我們來到了整個查詢的源頭，使用者的原始問題也是存在最佳化空間的。基於向量距離的檢索可能因微小的詢問詞變化或向量無法準確表達語義而產生不同結果（這一問題可以透過人工提示詞調優來解決，但比較麻煩），LangChain 提供了 MultiQueryRetriever 使用大型語言模型自動從不同角度生成多個查詢，實現提示詞調優的自動化。

多角度查詢的核心想法很簡單：對使用者查詢生成表達其不同方面的多個新查詢；對每個查詢進行檢索，取所有查詢結果的並集。它的優點是透過生成查詢的多角度視圖，可以覆蓋更全面的語義和資訊需求，這樣可以彌補單一查詢的語義約束，獲得更豐富的相關文件結果。該檢索演算法的核心流程如圖 5-6 所示。

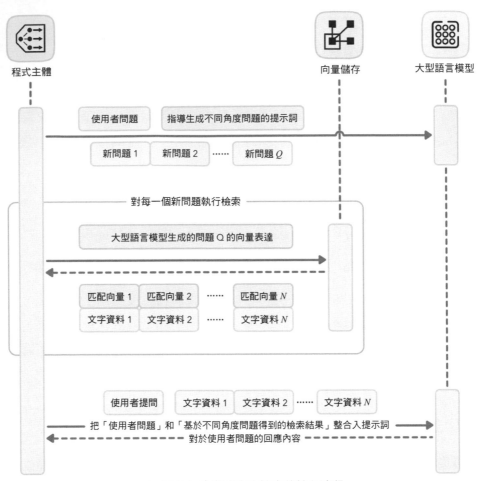

▲ 圖 5-6 多角度查詢檢索的核心流程

　　MultiQueryRetriever 的關鍵創新在於利用大型語言模型的生成能力，實現對使用者查詢的多維度拓展和豐富。這種多查詢整合檢索的思想，也可以擴充到查詢改寫、跨語言查詢等其他場景。透過官方範例大家可以看到，MultiQueryRetriever 的使用很簡單，也支援自訂提示詞用於生成不同角度的查詢。

```
from langchain_openai import ChatOpenAI
from langchain.retrievers.multi_query import MultiQueryRetriever
```

```python
# 初始化 MultiQueryRetriever，直接使用預設的多角度查詢提示詞
retriever_from_llm = MultiQueryRetriever.from_llm(
    retriever=vectordb.as_retriever(), llm=ChatOpenAI(temperature=0)
)

from typing import List
from pydantic import BaseModel, Field

from langchain_core.output_parsers import PydanticOutputParser
from langchain_core.prompts import PromptTemplate
from langchain_openai import ChatOpenAI
from langchain.chains import LLMChain

# 首先建構一個自訂輸出解析器用於解析大型語言模型生成的不同角度的查詢問題
class LineList(BaseModel):
    # 解析器輸出的傳回內容是 { "lines": ... }
    lines: List[str] = Field(description="Lines of text")

class LineListOutputParser(PydanticOutputParser):
    def __init__(self) -> None:
        super().__init__(pydantic_object=LineList)

    def parse(self, text: str) -> LineList:
        lines = text.strip().split("\n")
        return LineList(lines=lines)

# 初始化自訂提示詞，用於指導生成不同角度的問題
QUERY_PROMPT = PromptTemplate(
    input_variables=["question"],
    template="""You are an AI language model assistant. Your task is to
generate five
    different versions of the given user question to retrieve relevant documents
from a vector
    database. By generating multiple perspectives on the user question, your
goal is to help
    the user overcome some of the limitations of the distance-based similarity
search.
    Provide these alternative questions separated by newlines.
    Original question: {question}""",
)
```

```
# 初始化多角度問題生成鏈
llm = ChatOpenAI(temperature=0)
llm_chain = LLMChain(llm=llm, prompt=QUERY_PROMPT, output_parser=
LineListOutputParser())

# 初始化 MultiQueryRetriever，使用自訂的多角度問題生成鏈
retriever = MultiQueryRetriever(
    retriever=vectordb.as_retriever(), llm_chain=llm_chain, parser_key= "lines"
)
```

5.6　Indexing API 簡介

Indexing API 是 LangChain 函數庫中用於高效管理向量索引的重要元件。它可以幫助開發者避免向向量空間重複寫入內容的問題，同時支援增量更新，節省運算資源。

Indexing API 的核心是記錄管理器（RecordManager）。記錄管理器會追蹤每次向向量空間的寫入操作，包括寫入的文件內容、文件雜湊值、寫入時間等詳細的中繼資料。在寫入文件時，Indexing API 會先計算每個文件的雜湊值，然後與記錄管理器進行對比，判斷該文件是否有必要再次寫入，從而跳過重複內容。同時，記錄管理器儲存了每個文件的來源標識資訊，這樣在增量寫入時，可以找到並清理所有源自同一文件的舊版本記錄。

5.6.1　刪除模式

在向向量儲存寫入文件時，有可能需要刪除向量儲存中已存在的某些文件。在某些情況下，我們可能希望刪除所有與新文件來源相同的已存在文件。在另外一些情況下，我們可能希望刪除所有已存在的文件。

Indexing API 提供了 3 種刪除模式以滿足不同的使用場景，如表 5-2 所示。

▼ 表 5-2　Indexing API 的刪除模式

刪除模式	去重內容	並行化	清理已刪除的來源文件	清理來源文件的變種或衍生文件	清理時機
無刪除	✓	✓	×	×	（不清理）
增量刪除	✓	✓	×	✓	持續
完全刪除	✓	×	✓	✓	索引結束時

（1）無刪除模式（None）：不進行自動刪除操作，需要使用者手動清理舊版本文件。

（2）增量刪除模式（Incremental）：只刪除與新版本索引共用同一來源的舊版本文件，支援持續併發刪除。

（3）完全刪除模式（Full）：刪除所有不在新版本索引中的文件，需要全集重建索引。

增量刪除模式支援增量更新，只刪除變更文件的舊版本，保留未變更文件，通常用於頻繁變更的文件集。完全刪除模式更適合全集重建索引的場景，它可以正確處理來源文件被刪除的情況，保證索引中的文件與輸入文件集一致。刪除模式的選擇需要根據實際應用場景來決定。

（1）如果文件集較穩定，很少刪除，則使用增量刪除模式可以明顯節省運算資源。

（2）如果需要頻繁重建整個文件集，則更合適使用完全刪除模式。

（3）如果所有文件靜態不變，則可以使用無刪除模式，手動定期清理。

5.6.2　使用場景和方式

Indexing API 的主要使用場景包括但不限於以下場景。

（1）避免重複寫入：多次寫入相同內容是重複勞動，Indexing API 可以透過記錄管理器自動跳過。

（2）支援增量更新：當來源文件發生變更時，Indexing API 只需要索引和更新有差異的部分，舊版本資料會被自動清理。

（3）清理舊版本文件：增量刪除模式和完全刪除模式都支援自動清理舊版本索引，減少維護工作。

（4）處理文件刪除：在完全刪除模式下，索引函數外的文件都會被清理，可以正確處理來源文件刪除的情況。

使用 Indexing API 的基本步驟如下。

（1）初始化記錄管理器，需要設定唯一的命名空間。

（2）按文件集合索引到向量空間，設定合適的寫入模式（增量刪除或完全刪除）。

（3）記錄管理器會自動處理重複內容、增量更新等。

下面我們結合官方的範例分別為大家展示一下 Indexing API 三種不同刪除模式的使用效果，程式中 ### 標識的註釋部分是索引函數執行的結果。

```python
from langchain.indexes import SQLRecordManager, index
from langchain.schema import Document
from langchain_community.vectorstores import ElasticsearchStore
from langchain_openai import OpenAIEmbeddings

# 初始化向量儲存並設定向量化模型
embedding = OpenAIEmbeddings()
vectorstore = ElasticsearchStore(
    es_url="http://localhost:9200",
    index_name="test_index",
    embedding=embedding
)

# 初始化記錄管理器，使用合適的命名空間（建議使用同時包含向量儲存和集合名稱的命名空間）
# 比如 'redis/my_docs'、'chromadb/my_docs' 或 'postgres/my_docs'
namespace = f"elasticsearch/{collection_name}"
record_manager = SQLRecordManager(
```

```
    namespace, db_url="sqlite:///record_manager_cache.sql"
)

# 在使用記錄管理器前，建立模式
record_manager.create_schema()

# 索引一些測試文件
doc1 = Document(page_content="kitty", metadata={"source": "kitty.txt"})
doc2 = Document(page_content="doggy", metadata={"source": "doggy.txt"})

# 索引空向量儲存
def _clear():
    """ 利用完全刪除模式的特性來清理文件：未傳遞給索引函數但存在於向量儲存中的任何文件都將被
刪除 """
    index([], record_manager, vectorstore, cleanup="full",
source_id_key="source")
```

首先是無刪除模式，這個模式不自動清理內容，但可以對內容進行去重。

```
_clear()

index(
    [doc1, doc1, doc1, doc1, doc1],
    record_manager,
    vectorstore,
    cleanup=None,
    source_id_key="source",
)
### {'num_added': 1, 'num_updated': 0, 'num_skipped': 0, 'num_deleted': 0}


_clear()

index([doc1, doc2], record_manager, vectorstore, cleanup=None,
source_id_key="source")
### {'num_added': 2, 'num_updated': 0, 'num_skipped': 0, 'num_deleted': 0}


# 第二次完全跳過
index([doc1, doc2], record_manager, vectorstore, cleanup=None,
source_id_key="source")
### {'num_added': 0, 'num_updated': 0, 'num_skipped': 2, 'num_deleted': 0}
```

使用增量刪除模式，只刪除變更文件的舊版本，保留未變更文件。

```
_clear()

index(
    [doc1, doc2],
    record_manager,
    vectorstore,
    cleanup="incremental",
    source_id_key="source",
)
### {'num_added': 2, 'num_updated': 0, 'num_skipped': 0, 'num_deleted': 0}

# 再次索引會跳過兩個文件，也跳過向量化操作
index(
    [doc1, doc2],
    record_manager,
    vectorstore,
    cleanup="incremental",
    source_id_key="source",
)
### {'num_added': 0, 'num_updated': 0, 'num_skipped': 2, 'num_deleted': 0}

# 如果增量索引時不提供文件，則不會有變化
index([], record_manager, vectorstore, cleanup="incremental",
source_id_key="source")
### {'num_added': 0, 'num_updated': 0, 'num_skipped': 0, 'num_deleted': 0}

# 變更文件會寫入新版本並刪除所有舊版本
changed_doc_2 = Document(page_content="puppy", metadata=
{"source": "doggy.txt"})

index(
    [changed_doc_2],
    record_manager,
    vectorstore,
    cleanup="incremental",
    source_id_key="source",
)
### {'num_added': 1, 'num_updated': 0, 'num_skipped': 0, 'num_deleted': 1}
```

在完全刪除模式中，特別需要注意：未傳遞給索引函數但存在於向量儲存中的任何文件都將被刪除。這種行為適用於處理來源文件的刪除。

```
_clear()

all_docs = [doc1, doc2]

index(all_docs, record_manager, vectorstore, cleanup="full",
source_id_key="source")
### {'num_added': 2, 'num_updated': 0, 'num_skipped': 0, 'num_deleted': 0}

# 刪除第一個文件
del all_docs[0]

index(all_docs, record_manager, vectorstore, cleanup="full",
source_id_key="source")
### {'num_added': 0, 'num_updated': 0, 'num_skipped': 1, 'num_deleted': 1}
```

另外值得注意的是，中繼資料中的 source 欄位應該指向與給定文件連結的最終來源。舉例來說，如果這些文件表示某個父文件的區塊，那麼兩個文件的 source 欄位應該相同，並且引用父文件。在通常情況下應該指定 source 欄位，只有在不打算使用增量刪除模式，並且由於某些原因無法正確指定 source 欄位時，才使用無刪除模式。

Indexing API 為我們提供了自動化和高效的向量索引管理功能。使用 Indexing API 可以顯著減少重複計算，同時支援增量更新與文件集的整體遷移。它將加速向量索引系統的建構，使我們更快地架設語義搜尋應用。

5.7　Chain 模組和 Memory 模組

在前文的場景範例中，我們看到了如何透過 LCEL 來建構文件對話機器人。LangChain 也提供了 Chain 模組及兩種現成的 Off-the-Shelf 形式的 Chain 來幫助開發者實現這個場景。在本節中，我們就來具體地了解一下它們是如何助力快速應用程式開發的。

5.7.1 透過 Retrieval QA Chain 實現文件問答

首先是 RetrievalQA 類別對應的 Retrieval QA Chain，它可以將檢索得到的文件和問題一起輸入問答模型，實現基於文件的問答。

首先，我們需要準備文件，文件可以是文字檔，使用文字分割器將文件分割為多個文件。

然後，使用向量模型提取每個文件的語義向量表示，並且儲存在向量搜尋引擎中，如 FAISS。

接著，建構 Retrieval QA Chain，傳入文件向量儲存作為檢索器，同時設定文件處理鏈，比如 stuff、map_reduce、refine。

```
from langchain.chains import RetrievalQA

chain = RetrievalQA.from_chain_type(llm=model, chain_type="stuff",
retriever=retriever)
```

可以看到，與基於 LCEL 的自訂 Chain 相比，基於 RetrievalQA Chain 的實現方式相當簡潔、快速，但內在運作又略顯複雜難懂，這就是「自訂建構」和「使用現成的」兩種方式的顯著差異。好在殊途同歸，重要的是理解兩種方式各自的優劣勢，結合具體場景靈活地使用。

最後，透過 chain.run 方法傳入一個問題，Retrieval QA Chain 會先用向量儲存基於相似度檢索相關文件，再將文件和問題合併傳遞給文件處理鏈，生成最終的答案。這樣，我們就透過從文件庫中檢索相關文件的方式，實現了基於多文件的問答。

5.7.2 透過 Conversational Retrieval QA Chain 實現階段文件問答

Conversational Retrieval QA Chain 在 Retrieval QA Chain 的基礎上加入了 Memory 模組，以實現對話歷史的追蹤，可以進行階段文件問答。

```python
from langchain_core.prompts import PromptTemplate

from langchain.chains import ConversationalRetrievalChain
from langchain.memory import ConversationBufferMemory

# 透過 Memory 模組建構對話歷史記錄
memory = ConversationBufferMemory(memory_key="chat_history",
return_messages=True)

# 最基礎的 Conversational Retrieval QA Chain
qa = ConversationalRetrievalChain.from_llm(model, retriever, memory =memory)

# 支援自訂生成問題的提示詞範本
CUSTOM_QUESTION_PROMPT = PromptTemplate.from_template (custom_template)
qa = ConversationalRetrievalChain.from_llm(model, retriever,
CUSTOM_QUESTION_PROMPT, memory=memory)
```

我們會在 5.9 節中看到以上程式對應的 LCEL 實現，但這裡由於是黑盒實現，所以我們只能簡要地描述一下 Memory 模組造成的作用。

（1）在問答時，將當前問題和歷史對話合併生成完整的提示詞內容，同時檢索相關文件作為額外上下文。

（2）在對話結束後，需要更新 Memory 模組，以儲存本輪對話內容。

這樣，隨著對話的進行，Conversational Retrieval QA Chain 可以利用對話歷史，並且隨選從文件中檢索資訊，實現階段式的文件問答。

綜上可以看到，LangChain 透過 Retrieval QA Chain 和 Conversational Retrieval QA Chain 為我們提供了便捷的方式來建構基於文件的問答系統，使用這種 Off-the-Shelf 開箱即用的 Chain，我們能更加專注於業務需求和提示詞的設計，但也需要承受黑盒的偵錯成本。

LangChain 中的 Memory 模組幫助我們追蹤使用者與系統之間的對話歷史，以產生連續且連貫的問答體驗。最後，讓我們一起看看 Memory 模組還有哪些值得關注的細節。

5.7.3 透過 Memory 模組為對話過程保駕護航

對話的重要組成部分是能夠引用對話中先前介紹的資訊。Memory 模群組負責在使用者與模型的互動過程中，捕捉並儲存所有對話內容。每當使用者提出新問題時，Memory 模組可以先將該問題與之前的對話歷史結合，形成完整的上下文資訊，然後輸入問答模型。這樣，問答模型可以根據過往的語料更進一步地理解當前問題的意圖和語義連結，從而舉出連續、相關的回答，如圖 5-7 所示。

LangChain 為我們提供了多種 Memory 模組的建構方式，主要如下。

（1）Buffer Memory：直接基於記憶體儲存建構，簡單高效但無法持久化。

（2）Summary Memory：利用大型語言模型進行聊天歷史的壓縮總結。

（3）Knowledge Graph Memory：利用知識圖譜整理和總結物理資訊。

（4）Vector Store Memory：將對話內容轉為向量表示後存入向量搜尋引擎，支援相似度搜尋。

我們可以根據實際需要，選擇合適的建構方式。這裡我們選擇 Knowledge Graph Memory 給大家做一個演示，這種 Memory 模組比較適用於對話內容雜亂的場景，知識圖譜有助 Memory 模組取出其中和問題相關的關鍵物理資訊，從而提升問題回答的品質。

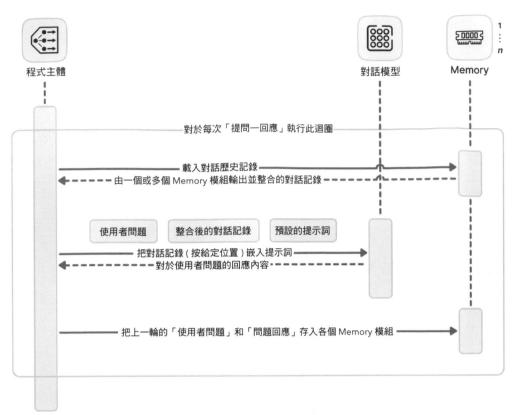

▲ 圖 5-7 Memory 模組在對話場景中的使用

```
from langchain_community.llms.ollama import Ollama
from langchain.memory import ConversationKGMemory

llm = Ollama(model="llama2-chinese:13b")
memory = ConversationKGMemory(llm=llm)
memory.save_context({"input": "LangChain 是什麼"}, {"output": "LangChain 是一個
大型語言模型的應用程式開發框架，目前有 Python 和 JavaScript SDK"})
memory.save_context({"input": "Ollama 又是什麼"}, {"output": "Ollama 是一個跨平臺
的執行大型語言模型的工具軟體，目前可以在 Linux 和 macOS 平臺上執行 "})

memory.load_memory_variables({"input": "LangChain 是啥？ "})

{'history': 'On LangChain: LangChain application development framework for
large language models.'}
```

Memory 模組不僅可以整段儲存歷史記錄，還可以進行其他高級處理，範例如下。

（1）使用大型語言模型對歷史記錄進行摘要和壓縮，生成的摘要更加精練。

（2）基於向量相似度進行相關歷史記錄的檢索，避免將所有歷史原樣傳入。

（3）僅傳回最近 N 輪的對話內容，防止對話歷史記錄過長。

（4）將短期記憶和長期記憶分開儲存，避免近期記憶干擾。

（5）根據對話場景及階段有選擇地儲存關鍵資訊。

（6）將歷史記錄按話題分類儲存，便於提取相關資訊。

（7）進行自動對話取捨，刪除不相關或敏感的資訊。

（8）將使用者回饋加入儲存，以改善對話品質。

綜上所述，LangChain 中的 Memory 模組為我們提供了追蹤和利用對話歷史的關鍵手段。透過 Memory 模組，和大型語言模型的互動式對話可以變得真正連續和富有上下文連結。這是建構高品質對話機器人的基石。我們也可以根據實際需要，選擇合適的 Memory 模組處理方式及傳回策略。

5.8 長上下文記憶系統的建構

隨著大型語言模型的不斷發展，我們渴望它能完成更複雜的任務，比如和人進行更有趣、更深入的對話。為實現這一目標，大型語言模型需要能記住過去的情景和對話內容。不然大型語言模型就無法建立起相關的語境來產生連貫的回答。

因此，建構長上下文記憶系統變得極為重要。它支援大型語言模型記住過去的對話、個性特徵，並且基於這些歷史資訊做出回應。這為互動式應用，如對話系統、虛擬幫手，奠定了堅實的基礎。目前的長上下文記憶系統主要可以分為階段記憶、語義記憶、生成式 Agent 三大類。

下面我們將大致介紹各種系統的特點、工作方式及有待進一步解決的問題。

5.8.1 階段記憶系統

階段記憶指的是記住最近的幾輪對話內容。一般的做法如下。

（1）維護一個歷史訊息佇列。

（2）每輪結束後，將最新的對話增加到歷史訊息佇列中。

（3）將最近的 N 筆訊息逐筆拼接成文字，作為大型語言模型的提示詞。

階段記憶系統的優點在於簡單清晰，透過追蹤對話歷史，大型語言模型能較好地理解上下文資訊。

但當歷史訊息佇列過長時，這種方法會出現問題。首先，訊息序列可能會超過模型的上下文長度限制。其次，即使沒有超過，過多無關訊息也會分散大型語言模型的注意力，降低回答的連貫性。解決方法是只保留最近的 N 筆訊息，但這又會導致無法記住久遠的資訊，我們所追求的長上下文記憶成為空談。

5.8.2 語義記憶系統

語義記憶指的是從歷史訊息中檢索出與當前問題最相關的句子。這一想法來源於 RAG 模型中對增強文件的查詢。

實現方法通常是先為每筆訊息建立詞的向量化表示，然後基於相似性排序。比如使用者詢問「我最喜歡的水果」，大型語言模型可能會匹配到歷史訊息「我最愛藍莓」。這兩筆訊息的文字向量較為接近，於是檢索演算法會將相關歷史訊息提供給大型語言模型作為額外上下文。

這種方法克服了階段記憶過於侷限於最近的對話內容的缺點。透過向量空間的匹配，可以挖掘出跨輪次的相關資訊。這確實拓展了記憶的時間跨度，為連貫性回答提供了可能。然而，基於相似性排序的語義記憶系統也存在自身的問題。

（1）相關資訊如果分佈在多筆訊息中，可能無法全部匹配、檢索到。

（2）忽略了時間變化這個維度，使用者的喜好、見解都可能隨時間演進而改變。

（3）過於泛泛地定義記憶，不利於建構針對特定業務場景最佳化的記憶結構。

5.8.3　生成式 Agent 系統

生成式 Agent 系統運用了更加複雜的方法來建構長上下文記憶。生成式 Agent 具有 3 種策略 [1]。

（1）近期優先：根據時間戳記為近期訊息賦予更高權重。

（2）相關性：透過相似性匹配獲取相關歷史訊息。

（3）反思：利用大型語言模型反思和總結歷史訊息，將反思結果作為記憶增加到系統中。

反思策略彌補了語義記憶無法處理相關資訊分散在多筆訊息的情況的不足。透過反思和生成記憶，相關資訊得到聚合和提煉。這也在一定程度上解決了時間跨度的問題。

儘管生成式 Agent 系統取得了很大進步，但相對泛用的記憶形式依然難以滿足複雜業務場景的需求。建構針對特定業務場景最佳化的記憶結構仍有很大的研究價值。

---

[1]　Park, J. S., O'Brien, J. C., Cai, C. J., Ringel Morris, M., Liang, P., and Bernstein, M. S., Generative Agents: Interactive Simulacra of Human Behavior, arXiv e-prints, 2023. doi:10.48550/ arXiv. 2304.03442.4

5.8.4　長上下文記憶系統的建構要點

記憶系統是認知架構中的重要組成部分。在理想情況下，我們需要設計出符合業務特點的記憶形式，才能使應用系統的可靠性和性能得到提高。在實踐中，建構長上下文記憶的核心設計主要在於明確 3 個問題。

（1）需要追蹤哪些狀態？

（2）這些狀態如何更新？

（3）記憶資料如何融入提示詞？

階段記憶、語義記憶和生成式 Agent 從不同角度回答了這 3 個問題。

階段記憶追蹤最近的訊息佇列，透過追加新訊息來更新狀態，透過將訊息插入提示詞來使用記憶。

語義記憶追蹤訊息的向量表示，透過向量化新訊息來更新狀態，透過相似性匹配來將相關記憶插入提示詞。

生成式 Agent 除了訊息向量，還額外追蹤最近訊息列表和訊息反思。它透過多種方式更新狀態，並且基於複雜的規則來決定如何使用記憶。

這些方法有各自的優缺點。階段記憶簡單但記憶跨度短，語義記憶擴充了記憶範圍卻忽略了時間變化，生成式 Agent 更複雜卻更全面。

那麼，如何建構出符合業務特點的長上下文記憶呢？一些值得嘗試的方法如下。

（1）分析業務需求，明確應用最需要記住哪些狀態。

（2）設計訂製的狀態更新邏輯，比如只在特定條件下觸發更新。

（3）創造性地將狀態融入提示詞，如條件控制、預留位置等。

舉例來說，在建構遊戲對話機器人時，我們需要追蹤角色狀態和任務狀態，並且在特定時機更新它們。這些狀態以預留位置的形式融入提示詞，來指導模型生成符合記憶的回覆。

總之，理解業務特點，明確要記住和使用的狀態，以及設計狀態更新邏輯，這是建構有效長上下文記憶的關鍵。

5.9　LCEL 語法解析：RunnablePassthrough

在建構複雜的 Runnable Sequence 時，我們可能需要將很多資訊從上游傳遞到下游。除了使用 RunnableMap 提取和處理資料，還有一個更簡單的方法，就是使用 RunnablePassthrough。

RunnablePassthrough 允許我們直接將上游物件的原始輸入資料透傳到下游物件。它與 RunnableMap 有以下不同。

（1）RunnableMap 需 要 我 們 明 確 指 定 要 提 取 的 資 料 或 處 理 邏 輯，RunnablePassthrough 則直接原樣透傳所有輸入資料。

（2）RunnableMap 可以生成新的輸出資料，而 RunnablePassthrough 在一般情況下只負責傳遞已有的資料。

（3）當下游物件需要大量原始輸入資料時，RunnablePassthrough 可以避免在 RunnableMap 中一個一個列舉要透傳的資料。

基於它們的特性，通常我們把它們搭配在一起使用——RunnableMap 用於建構新的字典物件，該字典物件的其中一個鍵透過 RunnablePassthrough 來儲存上游的原始輸入。下面我們來看一個簡單的範例。

```python
from langchain_core.runnables import RunnablePassthrough

runnable = {
    "origin": RunnablePassthrough(),
    "modified": lambda x: x+1
}
runnable.invoke(1) # {'origin': 1, 'modified': 2}
```

特別需要注意的是，RunnablePassthrough 透傳的是上游物件的原始輸入，不是呼叫鏈的原始輸入。下面我們來看一個官方範例。

```
def fake_llm(prompt: str) -> str:
    return "completion"

chain = RunnableLambda(fake_llm) | {
    'original': RunnablePassthrough(),      # 注意這裡透傳的是 fake_llm 的輸出
    'parsed': lambda text: text[::-1]
}

chain.invoke('hello')     # {'original': 'completion', 'parsed': 'noitelpmoc'}
```

　　介紹到這裡，大家是否覺得 RunnablePassthrough 透傳的粒度太粗，RunnableMap 一個個匹配鍵值對的粒度太細？有沒有中間選擇呢？其實是有的，我們可以使用 RunnablePassthrough 提供的 assign 方法在透傳上游資料的同時增加一些新的資料，前提是上游資料是字典類型的。下面我們透過一個官方範例來學習。

```
from langchain_core.runnables import RunnablePassthrough

 def fake_llm(prompt: str) -> str:
    return "completion"

runnable = {
    'llm1':  fake_llm,
    'llm2':  fake_llm,
}
| RunnablePassthrough.assign(
    # 透過 assign 方法給上游輸出增加一個函數，它的執行結果會透過 total_chars 鍵傳回
    total_chars=lambda inputs: len(inputs['llm1'] + inputs ['llm2'])
  )

runnable.invoke('hello')   # {'llm1': 'completion', 'llm2': 'completion',
'total_chars': 20}
```

　　綜合而言，RunnablePassthrough 和 RunnableMap 分別提供了粗粒度和細粒度的資料傳遞和處理能力，兩相結合，相輔相成。大家可以靈活利用兩者將各

種 Runnable 物件連接起來，完成複雜的語言處理流程。

5.10 Runnable Sequence 的資料連接：Retriever 物件

Runnable Sequence 提供了將多個 Runnable 物件組合成鏈式流程的能力。而要實現真正強大的語言處理，我們還需要與外部世界聯通。這裡，Retriever 物件就發揮著重要作用。

Retriever 物件允許在 Runnable Sequence 中存取外部知識來源。最典型的例子是檢索文件或知識庫，獲取相關資訊來豐富語言處理流程。

我們可以將 Retriever 物件看作一個可呼叫的 Runnable 物件。它接收查詢敘述作為輸入，將相關文件作為輸出。然後可以透過 Runnable Map 將檢索結果注入提示詞範本等下游元件。透過這種方式，Runnable Sequence 就獲得了連線外部知識的「外鏈」。我們可以查詢各種文件庫，獲取相關文字、影像、音訊等資料，植入流程的不同階段，來豐富模型的上下文理解。

更進一步，我們可以呼叫多個 Retriever 物件，查詢不同來源。並透過 LCEL 或類似工具函數將它們的結果聚合、過濾、排序，生成一個統一的結果注入流程。我們來看一個透過 Retriever 物件檢索多資料來源的官方範例（這裡用到的 Multi Retrieval QA Chain 也可以透過 LCEL 實現）。

```
# 透過（同類或異類）向量儲存來獲取不同的資料，並且生成對應的檢索器
sou_docs = TextLoader('../../state_of_the_union.txt').load_and_split()
sou_retriever = FAISS.from_documents(sou_docs,
OpenAIEmbeddings()).as_retriever()

pg_docs = TextLoader('../../paul_graham_essay.txt'). load_and_split()
pg_retriever = FAISS.from_documents(pg_docs, OpenAIEmbeddings()). as_retriever()

personal_texts = [
    "I love apple pie",
    "My favorite color is fuchsia",
    "My dream is to become a professional dancer",
```

```
        "I broke my arm when I was 12",
        "My parents are from Peru",
    ]
    personal_retriever = FAISS.from_texts(personal_texts,
OpenAIEmbeddings()). as_retriever()

    # 透過特定的工具鏈（或 LCEL 鏈）讓資料來源可以被動態選擇並使用
    retriever_infos = [
        {
            "name": "state of the union",
            "description": "Good for answering questions about the 2023 State of
the Union address",
            "retriever": sou_retriever
        },
        {
            "name": "pg essay",
            "description": "Good for answering questions about Paul Graham's
essay on his career",
            "retriever": pg_retriever
        },
        {
            "name": "personal",
            "description": "Good for answering questions about me",
            "retriever": personal_retriever
        }
    ]
    chain = MultiRetrievalQAChain.from_retrievers(OpenAI(),
retriever_infos, verbose=True)

    # 以下 3 類問題分別落入不同的推理回應鏈路
    chain.run("What did the govenment say about the economy?")# 落入 sou_retriever
檢索鏈路
    chain.run("What is something Paul Graham regrets about his work?")
# 落入 pg_retriever 檢索鏈路
chain.run("What year was the Internet created in?")# 落入預設的直接問答鏈路
```

　　我們還可以實現「寫後讀」模式，在一個 Runnable Sequence 中，先透過模型生成文字，然後將其轉為查詢敘述，經過 Retriever 物件後再注入流程，來進行校正或擴充。這種模式通常還會配合 Memory 模組來使用，下面我們結合一個官方範例來一覽其核心流程。

```
# 載入 Memory 模組中的資料，即對話歷史記錄
loaded_memory = RunnablePassthrough.assign(
    chat_history=RunnableLambda(memory.load_memory_variables) |
itemgetter("history"),
    )

# 建構「重寫」鏈：基於對話歷史記錄來重寫 / 最佳化使用者的問題（減少對原始問題的誤解）
_template = """Given the following conversation and a follow up question,
rephrase the follow up question to be a standalone question, in its original
language.

Chat History:
{chat_history}
Follow Up Input: {question}
Standalone question:"""
standalone_question = {
    "standalone_question": {
        "question": lambda x: x["question"],
        "chat_history": lambda x: _format_chat_history(x ["chat_history"]),
    }
    | PromptTemplate.from_template(_template)
    | ChatOllama(model="llama2-chinese:13b")
    | StrOutputParser(),
}

# 建構「檢索」鏈：通常基於 Retriever 物件來建構
retrieved_documents = {
    "docs": itemgetter("standalone_question") | retriever,
    "question": lambda x: x["standalone_question"],
}

# 建構「應答」鏈：把原始使用者問題和檢索得到的（參考）上下文填充入應答提示詞
final_inputs = {
    "context": lambda x: _combine_documents(x["docs"]),
    "question": itemgetter("question"),
}
```

```
    answer_question = {
        "answer": final_inputs | ANSWER_PROMPT |
ChatOllama(model= "llama2-chinese:13b"),
        "docs": itemgetter("docs"),
    }

    # 最後形成一個完整的呼叫鏈：載入記憶體→「重寫」鏈→「檢索」鏈→「應答」鏈
    final_chain = loaded_memory | standalone_question |
retrieved_ documents | answer_question
```

可以看到，Retriever 物件為 Runnable Sequence 提供了強大的外部存取能力。我們可以將它視為 Runnable Sequence 的「外鏈」，將模型鎖閉的世界與開放的知識空間聯通，獲取外部資訊，注入流程，實現更智慧的語言處理。

6

第6章
自然語言交流的搜尋引擎實戰

　　傳統的搜尋引擎直接傳回使用者查詢的匹配結果，這種對話模式簡單直接。但隨著 AI 技術的進步，如果搜尋引擎可以使用自然語言與使用者進行深度對話，則將極大地增強使用者體驗，提供更智慧、更人性化的服務。

　　要實現搜尋引擎的自然語言互動，首先需要理解使用者的查詢意圖。如果直接傳回匹配結果，則使用者需要多輪回饋才能得到滿意的答案。而自然語言搜尋引擎可以像人類一樣，分析查詢背後的真正需求。舉例來說，使用者查詢「去新加坡旅遊需要準備什麼」，傳統搜尋引擎會直接傳回新加坡旅遊攻略，但自然語言搜尋引擎可以分析並回覆使用者準備出遊前需要準備護照及藥品、查閱天氣等通用性建議，並且詢問使用者出行的人數、天數，舉出個性化建議。為實現這樣非常接近人與人之間的對話互動，搜尋引擎需要具備強大的自然語言理解與生成能力，從而能模擬人類的對話邏輯。

　　LangChain 提供了實現這一場景的完整工具集。首先，需要大規模預訓練大型語言模型，才能賦予搜尋引擎對話能力。其次，應用中需要具備有對話能力的 Agent，模擬人類的對話管理與推理。然後，需要檢索模型，從巨量資訊中得到相關佐證內容。最後，需要利用提示詞及範例示範期望的對話風格。

　　同時，Agent 可以將外部工具整合到對話流程中，極大地擴充了大型語言模型的應用邊界。舉例來說，我們可以先將網路搜尋 API 封裝為一個工具，然後在 Agent 中呼叫此工具，以獲得網路檢索能力。當使用者提出問題時，Agent 可以先判斷自己能否回答，如果不能，則呼叫此工具從外部獲取資訊。

　　此外，在 Agent 中還可以整合多種工具，形成工具套件。它可以根據對話情況主動選擇不同的工具組合，舉例來說，既整合了搜尋工具，又整合了天氣查詢 API。當使用者詢問旅遊需要準備什麼物品時，Agent 會先使用搜尋工具獲取通用資訊，然後考慮到出行需要查詢天氣，主動呼叫天氣查詢 API 提供天氣資訊。

　　未來可以將更多外部服務以工具的形式整合到 Agent 中。開發者也可以發佈自己的工具供其他開發者使用，形成豐富的生態。基於這樣高度可擴充的架構，基於 LangChain 建構的智慧對話系統的能力將不斷增強，並且具備持續學習和最佳化的可能。

6.1 場景程式範例

下面我們展示一個透過 LCEL 來建構 Agent 的範例，它支援自然語言的問答，同時在問答的過程中可以自主使用搜尋引擎和計算機來完成使用者的任務。

```python
from langchain_openai import OpenAI
from langchain.agents import load_tools
from langchain.agents import AgentExecutor
from langchain.agents.output_parsers import ReActSingleInputOutputParser
from langchain.agents.format_scratchpad import format_log_to_str
from langchain.tools.render import render_text_description
from langchain import hub

# 透過 python-dotenv 載入環境變數
from dotenv import load_dotenv
load_dotenv()

# 準備大型語言模型：這裡需要使用 OpenAI()，可以方便地隨選停止推理
llm = OpenAI()
llm_with_stop = llm.bind(stop=["\nObservation"])

# 準備工具：這裡用到 DuckDuckGo 搜尋引擎和一個基於 LLM 的計算機
tools = load_tools(["ddg-search", "llm-math"], llm=llm)

# 準備核心提示詞：這裡從 LangChain Hub 載入了 ReAct 模式的提示詞，並且填充工具的文字描述
prompt = hub.pull("hwchase17/react")
prompt = prompt.partial(
    tools=render_text_description(tools),
    tool_names=", ".join([t.name for t in tools]),
)

# 建構 Agent 工作鏈：這裡最重要的是，把中間步驟的結構儲存到提示詞的 agent_scratchpad 中
agent = (
    {
```

```
        "input": lambda x: x["input"],
        "agent_scratchpad": lambda x: format_log_to_str(x
["intermediate_steps"]),
    }
    | prompt
    | llm_with_stop
    | ReActSingleInputOutputParser()
)

# 建構 Agent 執行器：執行器負責執行 Agent 工作鏈，直至得到最終答案（的標識）並輸出回答
agent_executor = AgentExecutor(agent=agent, tools=tools, verbose= True)
agent_executor.invoke({"input": " 今天上海和北京的氣溫相差幾攝氏度？"})
```

{'input': ' 今天上海和北京的氣溫相差幾攝氏度？', 'output': ' 今天上海和北京的氣溫相差 5
攝氏度。'}

6.2 場景程式解析

由於程式設計的內容細節非常多，讓我們來逐段解析下這段程式。

首先匯入需要的函數庫。

（1）OpenAI() 用來提供推理服務（這裡推薦直接使用 OpenAI 的模型，例
如預設的 gpt-3.5-turbo）。

（2）load_tools 用來載入需要的工具，這裡是搜尋引擎和計算機（搜尋引
擎使用的 DuckDuckGo 不需要 API Key）。

（3）AgentExecutor 是 Agent 執行器建構類別。

（4）ReActSingleInputOutputParser 是用來解析模型輸出的解析器，定向解
析 ReAct 執行模式的輸出。

（5）format_log_to_str 用來格式化 Agent 的中間步驟日誌。

（6）render_text_description 用來著色工具的文字描述，會提供一個固定描
述格式。

然後準備大型語言模型和工具套件。

（1）初始化 OpenAI 的 LLM 模型，並且加上停止標記「\nObservation」（這個非常重要，是 ReAct 迴圈執行的關鍵之一）。

（2）載入搜尋引擎和計算機，從 LangChain Hub 載入 ReAct 模式的提示詞。

（3）使用 render_text_description 著色工具的文字描述，整合到提示詞中。

接著，建構 Agent 工作鏈。

（1）透傳輸入的問題，並且準備 agent_scratchpad 來儲存中間步驟的執行日誌。

（2）編排提示詞、LLM 模型和 ReAct 解析器串聯執行。

最後建構 Agent 執行器，負責驅動 Agent 直到得到最終結果。

所以整體來說，這段程式透過 LangChain 建構了一個點對點的 ReAct Agent 流程，完成從提示詞設計、工具整合到執行和解析的全過程。

6.3　Agent 簡介

Agent 可以看作是在 Chain 的基礎上，進一步整合 Tool 的高級模組。它透過無縫連結工具與模型，使大型語言模型可以利用工具的本地及雲端運算能力。

6.3.1　Agent 和 Chain 的區別

與 Chain 相比，Agent 具有兩個核心的新增能力：思維鏈和工具箱。

Chain 可以將多個模組組合串聯，實現流程化的問答或決策。但是 Chain 是被動執行模式，不具備主動規劃與排程的能力。而 Agent 內建了思維鏈（Chain of Thought）的能力。它可以像人類一樣，主動規劃多步策略來解決複雜問題，而不僅是被動回應。

思維鏈為 Agent 提供了重要的認知優勢。

（1）可以長遠思考，制訂完整的行動計畫，而不僅短視近利。

（2）能根據環境變化更新計畫，使決策更加健壯。

（3）方便追蹤和解釋整個決策過程。

總之，思維鏈釋放了大型語言模型的規劃與排程潛能，是 Agent 的關鍵創新。此外，與 Chain 直接呼叫模組相比，Agent 擁有一個工具箱，可以整合各類外部工具。這些工具為 Agent 提供了 Chain 無法實現的功能，例如以下功能。

（1）Web API 呼叫：搜尋、天氣等網路服務。

（2）本地計算：數學運算、資料處理等。

（3）知識庫查詢：詞典、百科等結構化知識。

Agent 定義了工具的標準介面，以實現無縫整合。它只關心工具的輸入和輸出，內部實現對 Agent 透明。工具箱大大擴充了 Agent 的外部知識來源，使其離真正的通用智慧更近一步。

綜合來看，與 Chain 相比，Agent 透過思維鏈和工具箱獲得了重要的認知優勢：思維鏈提供主動規劃和排程，工具箱連接外部世界。這使 Agent 可以更自主、智慧地處理複雜任務，而不僅是被動回應。

Agent 是向通用 AI 邁出的重要一步，下面讓我們進一步了解思維鏈和工具箱。

6.3.2 Agent 的思維鏈

1．ReAct 思維鏈模式解析

　　ReAct（Reason-Act）[1] 是一種將推理和行動相結合的思維鏈模式，用於解決不同的語言推理和決策任務。ReAct 提示大型語言模型以交錯的方式產生與任務相關的語言推理軌跡和行動，這使大型語言模型能夠進行動態推理，以建立、維護和調整行動的高級計畫（推理指引行動），同時與外部環境互動，將額外資訊納入推理（行動指引推理）。ReAct 可以幫助解決思維鏈推理中普遍存在的「幻覺」和「錯誤傳播」問題，並且有助產生可解釋的決策軌跡。ReAct 是在大型語言模型中協作推理和行動的簡單而有效的方法，可以用於解決多跳問答、事實核心查和互動式決策任務。ReAct 的主要執行機制是，使用大型語言模型同時生成推理和行動，兩者交替出現，相互支援。推理幫助 Agent 制訂、追蹤和更新行動計畫。行動讓 Agent 與環境上下文互動，獲取更多資訊支援推理。ReAct Agent 的基本元件如圖 6-1 所示。

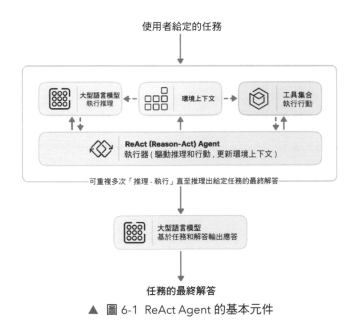

▲ 圖 6-1 ReAct Agent 的基本元件

　　開發者可以檢測並編輯 Agent 的思維鏈的具體實現，調整其行為。建構一

1　Yao, S., ReAct: Synergizing Reasoning and Acting in Language Models, arXiv e-prints, 2022. doi:10.48550/arXiv.2210.03629.

個 ReAct Agent 通常需要以下內容。

（1）大型語言模型：生成推理和行動。

（2）行動空間：ReAct Agent 可以執行的行動集合（通常為一系列工具）。

（3）環境上下文：提供狀態觀察和行動回饋。

整體流程大致如下。

（1）使用者舉出任務。

（2）ReAct Agent 生成推理，更新環境上下文。

（3）ReAct Agent 決定行動，使用工具執行行動，改變環境上下文。

（4）環境上下文傳回新狀態，支援下一輪推理。

（5）循環執行（2）～（4），直至任務完成。

實現 ReAct Agent 時，我們可以使用以下提示詞結構。

```
首碼：引入的工具的描述
格式：定義 ReAct Agent 的輸出格式

問題：使用者輸入的問題
思考：ReAct Agent 推理如何行動
行動：需要使用的工具
行動輸入：工具所需輸入
觀察：行動執行後得到的結果
（隨選重複「思考 - 行動 - 觀察」流程）

終點推理：產生最終結論
最後回答：問題的答案
```

目前，在 ReAct Agent 中預設使用以下的提示詞。

```
Answer the following questions as best you can. You have access to the
following tools:
```

```
{tools}

Use the following format:

Question: the input question you must answer
Thought: you should always think about what to do
Action: the action to take, should be one of [{tool_names}]
Action Input: the input to the action
Observation: the result of the action
... (this Thought/Action/Action Input/Observation can repeat N times)
Thought: I now know the final answer
Final Answer: the final answer to the original input question

Begin!

Question: {input}
Thought:{agent_scratchpad}
```

ReAct Agent 將推理和行動有機結合，使 Agent 像人類一樣思考和行動。可以看到，與只使用推理或行動的 Chain 相比，ReAct Agent 具有以下優勢。

（1）推理引導行動，使行動更有方向。

（2）行動為推理提供外部資訊。

（3）產生可解釋的思考過程。

我們在場景範例中已經看到了使用 LCEL 來建構 Agent 的方式，這裡也看一下 Off-the-Shelf 的黑盒建構方式。

```
from langchain.agents import initialize_agent

# 其中的 tools、llm 與場景範例中使用的物件完全相同
agent_executor = initialize_agent(
    tools, llm, agent=AgentType.ZERO_SHOT_REACT_DESCRIPTION, verbose= True
)
agent_executor.invoke({"input": "..."})
```

2・Plan and Execute 思維鏈模式解析

ReAct 強調交替地推理和行動，依次生成思維鏈和行動鏈，兩者相互支援。而 Plan and Execute[1] 更注重主動的規劃，先制訂完整的行動計畫，再執行計畫。它的核心創新在於引入 Planner 模組，可以針對給定任務自主規劃行動方案。Plan and Execute Agent 的基本元件如圖 6-2 所示。

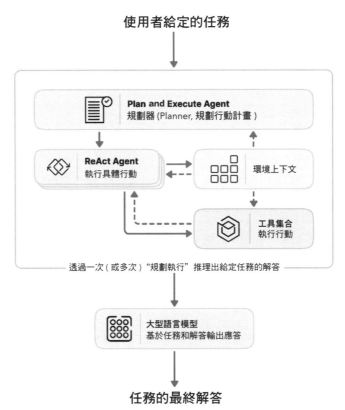

▲ 圖 6-2 Plan and Execute Agent 的基本元件

如圖 6-2 所示，Plan and Execute Agent 的整體流程如下。

1 Wang, L., Plan-and-Solve Prompting: Improving Zero-Shot Chain-of-Thought Reasoning by Large Language Models, arXiv e-prints, 2023. doi:10.48550/arXiv.2305.04091.

（1）使用者舉出任務描述。

（2）Planner 模組理解任務，規劃行動計畫。

（3）Agent 根據計畫逐步執行行動並更新環境上下文。

（4）環境傳回最新狀態，支援 Planner 模組更新計畫。

（5）循環（2）～（4），直至完成任務。

其中，Planner 模組發揮大型語言模型的規劃能力，可以針對複雜任務自主制訂行動計畫。與 ReAct 相比，Plan and Execute 具有以下特點。

（1）強調主動規劃，而非被動地生成思維鏈。

（2）計畫獨立於執行，兩者職責明確。

（3）計畫可以根據環境變化動態更新。

（4）執行可重用相同的計畫，拓展泛化能力。

但是，Plan and Execute 也存在一定的局限性。

（1）規劃與執行之間缺乏互動，生成的計畫不一定可行。

（2）執行時無法利用新資訊調整計畫。

（3）規劃模組本身存在錯誤或執行困難任務時具有脆弱性。

ReAct 與 Plan and Execute 兩類思維鏈模式各有偏重。ReAct 強調自然的推理和行動生成。Plan and Execute 專注主動規劃和執行分離。兩者都利用大型語言模型的調控規劃能力，在不同方面促進了 Agent 的智慧行為。未來，可以考慮融合兩者的優點，實現既可以主動規劃，又可以利用環境資訊調整計畫的Agent。舉例來說，可以在 Plan and Execute 中加入環境觀察模組，支援 Planner模組利用新資訊更新計畫，或在 ReAct 中加入獨立的 Planner 模組，由其統籌Agent 的推理和行動，這可能會產生既能主動規劃，又能靈活調整的 Agent，使Agent 在面對複雜環境時表現更佳。

目前，Plan and Execute Agent 在 LangChain 中還屬於實驗性功能，因此我們暫時不提供範例程式。

總之，ReAct 和 Plan and Execute 在不同方面拓展了 Agent 的規劃與執行能力。兩者各有偏重，但也存在互補的空間。未來，可以在兩者的基礎上，探索融合提升的方向，將會有助建構既能主動規劃，又能根據環境做出調整的智慧Agent，使通用人工智慧的目標更進一步。

6.4　Agent 的工具箱

工具箱是 Agent 的重要組成部分，它為 Agent 提供了連接和使用外部工具的能力，極大擴充了其應用場景。

工具可以是本地的功能模組，也可以是呼叫外部系統的介面。本地工具可以提供數學運算、資料處理等功能。呼叫外部系統的工具則可以提供連接知識庫、雲端服務等功能。這些工具暴露統一的介面，使其可以無縫整合到Agent中。Agent 只需要關注工具的輸入和輸出，不需要了解其內部實現細節。這使 Agent可以非常方便地使用各種異質工具，正如我們在場景範例中看到的，透過一個本地工具 llm-math 提供計算功能，透過一個外部工具 ddg-search（DuckDuckGo）呼叫搜尋引擎 API 提供查詢功能，它們組合在一起完成了使用者問題的應答。

將工具封裝為標準介面有以下好處。

（1）Agent 可以無縫地使用各種不同的工具，提升了可擴充性。

（2）工具與 Agent 鬆散耦合，易於替換和升級。

（3）Agent 使用工具像呼叫函數一樣簡單，提升了好用性。

（4）明確輸入和輸出的格式，便於偵錯和測試。

（5）工具內部實現對 Agent 透明，只要保證輸入和輸出正確即可。

工具箱提供了統一的介面規範，允許使用者自訂工具。一個自訂工具只需要實現以下方法即可與 Agent 整合。

（1）name：傳回工具名稱。

（2）description：傳回工具文字描述。

（3）call：輸入和輸出字串介面。

工具之間也可以相互呼叫，組成工具鏈，以實現更複雜的功能。Agent 可以透過組合不同的工具，完成邏輯推理等複雜任務。同時，工具箱還提供了一些預先定義的工具集（Toolkit），封裝了某一類任務常用的工具。使用工具集可以更方便地建構特定類型的 Agent。下面我們透過一個範例來展示如何透過 PlayWright 瀏覽器工具集來執行使用者任務。

```python
from langchain_openai import ChatOpenAI
from langchain_community.agent_toolkits import PlayWrightBrowserToolkit
from langchain_community.tools.playwright.utils import
create_ async_playwright_browser
from langchain import hub
from langchain.agents import AgentExecutor
from langchain.agents.format_scratchpad import format_log_to_str
from langchain.agents.output_parsers import JSONAgentOutputParser
from langchain.tools.render import render_text_description_ and_args

# 避免 Jupyter Notebook 產生 EventLoop 問題
import nest_asyncio
nest_asyncio.apply()

# 透過 python-dotenv 載入環境變數
from dotenv import load_dotenv
load_dotenv()

# 準備大型語言模型：這裡需要使用 OpenAI，可以方便地隨選停止推理
llm = ChatOpenAI()
llm_with_stop = llm.bind(stop=["\nObservation"])

# 準備 PlayWright 瀏覽器工具集
```

```
    async_browser = create_async_playwright_browser()
    browser_toolkit = PlayWrightBrowserToolkit.from_browser(async_browser
=async_browser)
    tools = browser_toolkit.get_tools()

    # 準備核心提示詞：這裡從 LangChain Hub 載入了 ReAct 多參數輸入模式的提示詞，並且填充工具的
文字描述
    prompt = hub.pull("hwchase17/react-multi-input-json")
    prompt = prompt.partial(
        tools=render_text_description_and_args(tools),
        tool_names=", ".join([t.name for t in tools]),
    )

    # 建構 Agent 的工作鏈：這裡最重要的是，把中間步驟的結構儲存到提示詞的 agent_scratchpad 中
    agent = (
        {
            "input": lambda x: x["input"],
            "agent_scratchpad": lambda x: format_log_to_str(x
["intermediate_steps"]),
        }
        | prompt
        | llm_with_stop
        | JSONAgentOutputParser()
    )
    agent_executor = AgentExecutor(agent=agent, tools=tools, verbose= True)

    # 因為使用了非同步瀏覽器頁面抓取工具，這裡對應地使用非同步的方式執行 Agent
    await agent_executor.ainvoke({"input": "請存取這個網頁並總結上面的內容：
blog.langchain.dev"})
```

```
{'input': '請存取這個網頁並總結上面的內容：blog.langchain.dev',
  'output': 'The webpage contains various content, including blog posts, release
notes, case studies, and important links related to language models and data
extraction.'}
```

　　總之，工具箱為 Agent 提供了連接外部世界的視窗，使其可以利用外部知識和運算資源。工具箱提高了 Agent 的靈活性、可擴充性與好用性。

6.5 **OpenAI 導向的 Agent 實現**

OpenAI 是 LangChain 的優秀合作夥伴，它不僅提供推理能力，隨著 GPT-3.5、GTP-4 1106 版本的推出，OpenAI 在其函數呼叫方面也邁出了重要的一步——它可以檢測何時應呼叫一個或多個函數，並且使用應傳遞給函數的參數回應。

在 API 呼叫中，使用者可以描述函數，讓模型智慧地輸出包含參數的 JSON 物件，以呼叫這些函數。OpenAI 的目標是，使其工具 API 能夠比單純使用通用文字補全或對話 API 更可靠地傳回有效、有用的函數呼叫。

OpenAI 目前將呼叫單一函數的能力稱為 functions，將呼叫一個或多個函數的能力稱為 tools。在 OpenAI 當前的 Chat API 中，functions 被視為不推薦的選項，tools 已經成為推薦的參數。

因此，如果在 LangChain 中使用 OpenAI 模型建立 Agent，目前推薦使用 OpenAI Tools Agent，而非 OpenAI Functions Agent。兩者的使用過程基本一致，LangChain 會把自己的 Tool 元件封裝成 OpenAI 可用的 Function 或 Tool，但請特別注意使用 OpenAI 最新的 tools 參數，它允許模型在適當時同時請求呼叫多個函數（而非 functions 時期的單一函數），在某些情況下，這樣可以顯著地減少 Agent 的執行時間。

從使用的角度來看，Agent 目前的整體封裝程度比較高，所以仍然透過少量程式即可完成一個 OpenAI Tools Agent 的建構。

```
# pip install --upgrade --quiet  langchain-openai tavily-python

from langchain_openai import ChatOpenAI
from langchain_community.tools.tavily_search import TavilySearchResults
from langchain.agents import AgentExecutor, create_openai_tools_agent
from langchain import hub

# 匯入工具：社區提供的 Tavily Search 工具
tools = [TavilySearchResults(max_results=1)]
```

```
# 匯入提示詞：使用 LangChain Hub 中的提示器（這裡使用的基本是一個空白提示詞）
prompt = hub.pull("hwchase17/openai-tools-agent")

# 選擇模型：注意需要是 1106 之後的版本
llm = ChatOpenAI(model="gpt-3.5-turbo-1106", temperature=0)

# 建構 Agent：這裡透過 LCEL 工具函數來提供 Agent 的核心邏輯
agent = create_openai_tools_agent(llm, tools, prompt)

# 最好透過 AgentExecutor 來整合 Agent 和工具集合
agent_executor = AgentExecutor(agent=agent, tools=tools, verbose= True)

agent_executor.invoke({"input": "what is LangChain?"})
```

讓我們一起來看一下建構 OpenAI Tools Agent 的整個過程。

（1）使用 LangChain 建構 OpenAI Agent 的第一步是初始化工具。對於範例中的 Agent，我們賦予它使用 Tavily 在網上搜尋的能力。TavilySearchResults 是一個 LangChain 內建的工具，它利用 Tavily API 進行搜尋並傳回結果。設定 max_results=1 表示只傳回一個結果。

（2）選擇驅動 Agent 的大型語言模型。不是所有大型語言模型都支援 tools，所以這裡我們選擇了 gpt-3.5-turbo-1106，將 temperature 設定為 0，可以產生更確定的輸出。

（3）利用大型語言模型和 tools 實例化一個 OpenAI Tools Agent。prompt 是 Agent 的啟動提示，可以根據需要進行修改。

（4）執行 Agent。AgentExecutor 負責呼叫 agent 和 tools 物件，將 verbose 設定為 True，可以列印執行過程。我們傳遞一個帶有問題的輸入，Agent 就會使用 TavilySearchResults 工具查詢並傳回結果。

LangChain 對編排 Agent 的工作流提供了簡潔的抽象。與直接呼叫 API 相比，它減少了樣板程式，使 Agent 的邏輯更簡單。特別需要指出的是，從 LangChain

0.1 開始，LCEL 呼叫鏈將逐步替代各種早期提供的 Chain 和 Agent，所以在這裡，我們也可以看到 create_openai_tools_agent 這樣的工具函數，它會建立一個 LCEL 呼叫鏈，並且大家可以直接從官方程式倉庫查看其實現，從而訂製自己的 LCEL 呼叫鏈或進行參考學習，以下是它的程式實現。

```python
from typing import Sequence

from langchain_community.tools.convert_to_openai import
format_tool_to_openai_tool
from langchain_core.language_models import BaseLanguageModel
from langchain_core.prompts.chat import ChatPromptTemplate
from langchain_core.runnables import Runnable, RunnablePassthrough
from langchain_core.tools import BaseTool

from langchain.agents.format_scratchpad.openai_tools import (
    format_to_openai_tool_messages,
)
from langchain.agents.output_parsers.openai_tools import
OpenAIToolsAgentOutputParser

[docs]def create_openai_tools_agent(
    llm: BaseLanguageModel, tools: Sequence[BaseTool],
prompt: ChatPromptTemplate
) -> Runnable:
    """Create an agent that uses OpenAI tools.

    Args:
        llm: LLM to use as the agent.
        tools: Tools this agent has access to.
        prompt: The prompt to use, must have input key
'agent_scratchpad', which will
            contain agent action and tool output messages.

    Returns:
        A Runnable sequence representing an agent. It takes as input all
the same input
        variables as the prompt passed in does. It returns as output either an
        AgentAction or AgentFinish.
```

Example:

```python
.. code-block:: python

    from langchain import hub
    from langchain_community.chat_models import ChatOpenAI
    from langchain.agents import AgentExecutor,
create_openai_tools_agent

    prompt = hub.pull("hwchase17/openai-tools-agent")
    model = ChatOpenAI()
    tools = ...

    agent = create_openai_tools_agent(model, tools, prompt)
    agent_executor = AgentExecutor(agent=agent, tools=tools)

    agent_executor.invoke({"input": "hi"})

    # Using with chat history
    from langchain_core.messages import AIMessage, HumanMessage
    agent_executor.invoke(
        {
            "input": "what's my name?",
            "chat_history": [
                HumanMessage(content="hi! my name is bob"),
                AIMessage(content="Hello Bob! How can I assist you
today?"),
            ],
        }
    )
```

Creating prompt example:

```python
.. code-block:: python

    from langchain_core.prompts import ChatPromptTemplate,
MessagesPlaceholder

    prompt = ChatPromptTemplate.from_messages(
        [
```

```
                ("system", "You are a helpful assistant"),
                MessagesPlaceholder("chat_history", optional=True),
                ("human", "{input}"),
                MessagesPlaceholder("agent_scratchpad"),
            ]
        )
    """
    missing_vars = {"agent_scratchpad"}.difference (prompt. input_variables)
    if missing_vars:
        raise ValueError(f"Prompt missing required variables: {missing_vars}")

    llm_with_tools = llm.bind(
        tools=[format_tool_to_openai_tool(tool) for tool in tools]
    )

    agent = (
        RunnablePassthrough.assign(
            agent_scratchpad=lambda x: format_to_openai_tool_messages(
                x["intermediate_steps"]
            )
        )
        | prompt
        | llm_with_tools
        | OpenAIToolsAgentOutputParser()
    )
    return agent
```

6.6 Callback 回呼系統簡介

Callback 是 LangChain 中的重要機制。它允許使用者自訂鉤子函數，比如，在 Agent 執行的關鍵節點進行干預或訂閱事件，為日誌記錄、監控、偵錯等提供了可能。

Callback 機制發揮了大型語言模型與外部系統協作的優勢。它先將 Agent 執行過程中的關鍵資訊輸出給外部鉤子函數，然後由外部鉤子函數進行處理或記錄。我們可以透過一個自訂 Callback 使用的鉤子函數來了解其可以介入處理的節點。

```python
class BaseCallbackHandler:
    """Base callback handler that can be used to handle callbacks from
langchain."""

    def on_llm_start(
        self, serialized: Dict[str, Any], prompts: List[str], **kwargs: Any
    ) -> Any:
        """Run when LLM starts running."""

    def on_chat_model_start(
        self, serialized: Dict[str, Any], messages: List[List [BaseMessage]],
**kwargs: Any
    ) -> Any:
        """Run when Chat Model starts running."""

    def on_llm_new_token(self, token: str, **kwargs: Any) -> Any:
        """Run on new LLM token. Only available when streaming is enabled."""

    def on_llm_end(self, response: LLMResult, **kwargs: Any) -> Any:
        """Run when LLM ends running."""

    def on_llm_error(
        self, error: Union[Exception, KeyboardInterrupt], **kwargs: Any
    ) -> Any:
        """Run when LLM errors."""

    def on_chain_start(
        self, serialized: Dict[str, Any], inputs: Dict[str, Any], **kwargs: Any
    ) -> Any:
        """Run when chain starts running."""

    def on_chain_end(self, outputs: Dict[str, Any], **kwargs: Any) -> Any:
        """Run when chain ends running."""

    def on_chain_error(
        self, error: Union[Exception, KeyboardInterrupt], **kwargs: Any
    ) -> Any:
        """Run when chain errors."""

    def on_tool_start(
```

```
        self, serialized: Dict[str, Any], input_str: str, **kwargs: Any
    ) -> Any:
        """Run when tool starts running."""

    def on_tool_end(self, output: str, **kwargs: Any) -> Any:
        """Run when tool ends running."""

    def on_tool_error(
        self, error: Union[Exception, KeyboardInterrupt], **kwargs: Any
    ) -> Any:
        """Run when tool errors."""

    def on_text(self, text: str, **kwargs: Any) -> Any:
        """Run on arbitrary text."""

    def on_agent_action(self, action: AgentAction, **kwargs: Any) -> Any:
        """Run on agent action."""

    def on_agent_finish(self, finish: AgentFinish, **kwargs: Any) -> Any:
        """Run on agent end."""
```

綜合來看，使用 Callback 具有以下好處。

（1）日誌記錄：可以詳細記錄多個模組的執行過程，協助定位錯誤原因。

（2）監控：可以在關鍵節點檢查狀態，做出回饋。

（3）偵錯：可以注入程式，探究系統內部執行情況。

（4）非同步處理：避免 Callback 阻塞主流程，非同步並存執行。

（5）系統集成：可以將事件資訊傳遞給外部系統，實現整合。

但是在使用 Callback 時也需要注意以下幾點。

• Callback 的內容要合理，不要過多影響性能。

• Callback 要高效穩定，不犯無窮迴圈等錯誤。

• 處理好 Callback 失敗的情況。

• 保證 Callback 不會破壞系統的安全性。

下面我們透過一個「人工干預」的場景範例來展示 Callback 的攔截能力。

```
from langchain_community.callbacks.human import HumanApprovalCallbackHandler

from langchain_community.tools.shell import ShellTool

tool = ShellTool(callbacks=[HumanApprovalCallbackHandler()])

# 每次執行 tool.run 後都會提示使用者以下內容
# Do you approve of the following input? Anything except'Y''Yes'
(case-insensitive) will be treated as a no.
# Is /usr (Press 'Enter' to confirm or 'Escape'to cancel)
print(tool.run("ls /usr"))
print(tool.run("ls /root"))

/home/codespace/.python/current/lib/python3.10/site-packages/ langchain/tools/
shell/tool.py:31: UserWarning: The shell tool has no safeguards by default.
Use at your own risk.
    warnings.warn(
bin
games
include
lib
lib32
lib64
libexec
libx32
local
sbin
share
src

    Error in HumanApprovalCallbackHandler.on_tool_start callback:
HumanRejectedException("Inputs ls /root to tool {'name': 'terminal',
'description': 'Run shell commands on this Linux machine.'} were rejected.")
```

總之，Callback 使 Agent 及 LangChain 核心模組的執行流程變得透明、可控。使用者可以注入自訂邏輯，偵錯、記錄、監控系統執行過程。這樣提升了 Agent 的可觀察性與可解釋性，也讓使用者更容易控制系統執行流程。

6.7 Callback 和 verbose 的關係

接下來我們來看一下 Callback 的常用場景「日誌記錄」和另一個常見的設定項 verbose 之間的異同。

在 LangChain API 中，callbacks 和 verbose 這兩個參數經常出現在各種物件（Agent、Chain、Model、Tool 等）的構造函數或方法呼叫中，它們分別具有以下作用。

（1）callbacks 用於定義回呼函數，在物件實例生命週期內或單次方法呼叫時執行，實現日誌記錄、監控等功能。根據使用方式，又可以分為以下兩種。

- 構造函數 callbacks：作用於物件整個生命週期，例如 LLMChain(callbacks = [log_handler])，但不能跨物件傳遞（如由 Chain 傳遞給其呼叫的 Model）。

- 方法呼叫 callbacks：作用於單次方法呼叫，例如 chain.run(input, callbacks= [print_handler])。

（2）verbose 用於輸出詳細執行日誌，相當於向一個物件及它用到的所有其他模組物件的構造函數傳入了一個 ConsoleCallbackHandler 作為 callbacks 參數。例如 LLMChain(verbose=True) 會列印所有內部執行日誌記錄，這對偵錯來說非常有價值。

所以綜合來說，輸出日誌可以優先使用 verbose；對於入侵檢查和控制單一方法使用方法級的 callbacks；其他回呼場景從構造函數級的 callbacks 中尋找解決路徑。

此外，在 LangChain 0.1 中，Python SDK 可以使用新引入的 set_verbose(True) 和 set_debug(True) 來進行全域的偵錯資訊控制，它們的使用方式如下所示。

```
from langchain.globals import set_verbose
set_verbose(True)
from langchain.globals import set_debug
set_debug(True)
```

set_verbose 將以更易讀的格式列印輸入和輸出，並且跳過記錄某些原始輸出（如對話模型呼叫的 Token 的使用統計資訊），以便開發者專注於應用程式邏輯。

相對地，透過 set_debug 設定全域偵錯標識將使所有具有回呼支援的 LangChain 元件（Chain、Model、Agent、Tool、Retriever）列印它們收到的輸入和生成的輸出，這會是最詳細的偵錯資訊輸出，將完全記錄這些元件的原始輸入和輸出。

6.8　LCEL 語法解析：RunnableBranch 和鏈路異常回退機制

本章最後，為大家介紹一下如何在 LCEL 中建構分支和處理異常。在處理複雜鏈路時，分支結構可以簡化局部邏輯，而異常處理有助成功執行複雜鏈路。

6.8.1　RunnableBranch

RunnableBranch 是 LangChain 中非常強大和實用的功能，它允許我們建立多分支的鏈，根據前一個步驟的輸出來決定下一個要執行的步驟。利用 RunnableBranch，可以為與大型語言模型的互動提供邏輯判斷和條件分支。

RunnableBranch 的工作原理是：在初始化時提供一個組（條件，Runnable 物件）的列表，以及一個預設的 Runnable 物件。當呼叫 RunnableBranch 時，它會將輸入傳遞給每個條件進行判斷，找到第一個傳回 True 的條件，然後執行與該條件對應的 Runnable 物件或 Runnable Sequence。如果沒有任何條件匹配，則執行預設的 Runnable 物件或 Runnable Sequence。

舉一個例子，假設我們要做一個簡單的對話機器人，分為兩個步驟：第一個步驟判斷使用者的問題是關於 LangChain 還是關於其他的；第二個步驟根據第一個步驟的判斷，生成對應問題的回答。我們可以這樣實現。

```
from langchain_core.prompts import PromptTemplate
from langchain_core.output_parsers import StrOutputParser
from langchain_core.runnables import RunnableBranch
from langchain_community.chat_models import ChatOllama

model = ChatOllama(model="llama2-chinese:13b")

# 建構分類判斷鏈：辨識使用者的問題應該屬於哪個（指定的）分類
chain = (
    PromptTemplate.from_template(
        """Given the user question below, classify it as either being about
`LangChain` or `Other`.

Do not respond with more than one word.

<question>
{question}
</question>

Classification:"""
    )
    | model
    | StrOutputParser()
)

# 建構內容問答鏈和預設問答鏈
langchain_chain = (
    PromptTemplate.from_template(
        """You are an expert in LangChain. Respond to the following question
in one sentence:

Question: {question}
Answer:"""
    )
    | model
)
general_chain = (
    PromptTemplate.from_template(
        """Respond to the following question in one sentence:
```

```
Question: {question}
Answer:"""
    )
    | model
)

# 透過 RunnableBranch 建構條件分支並附加到主呼叫用鏈上
branch = RunnableBranch(
    (lambda x: "langchain" in x["topic"].lower(), langchain_chain),
    general_chain,
)
full_chain = {"topic": chain, "question": lambda x: x["question"]} | branch

print(full_chain.invoke({"question": "什麼是 LangChain?"}))
print(full_chain.invoke({"question": "1 + 2 = ?"}))
```

content='LangChain 是一種基於人工智慧的自然語言處理技術，它使用機器學習演算法來建構大型語言模型，以實現自然語言辨識和生成功能。'
content='3.'

在上面的程式中，先使用分類判斷鏈判斷問題的類型，然後使用 RunnableBranch 根據判斷結果選擇不同的問答鏈。可以看到，LangChain 的問題流到了對應的內容問答鏈，而其題目則流到了預設問答鏈。

RunnableBranch 提供了靈活的路由能力，可以增加任意多的條件和 Runnable 物件。在實際應用中，可以把不同類別的問題路由到專門針對該類別問題的最佳化的提示詞和大型語言模型，從而生成更好的回答。

除了根據前一個步驟的輸出進行路由，有時也可以根據輸入本身設計路由邏輯，舉例來說，根據輸入文字的長度或某些關鍵字來進行不同的處理。這時也可以直接匯入一個自訂函數放在 Runnable Sequence 中來進行判斷，即可以不依賴 RunnableBranch 和大型語言模型的條件判斷進行分支控制。下面來看這樣一個例子。

```
from langchain_core.runnables import RunnableLambda
```

```
def route(info):
    if "anthropic" in info["topic"].lower():
        return anthropic_chain
    elif "langchain" in info["topic"].lower():
        return langchain_chain
    else:
        return general_chain

full_chain = {"topic": chain, "question": lambda x: x["question"]} |
RunnableLambda(route)
```

6.8.2　鏈路異常回退機制

在大型語言模型應用中，無論是大型語言模型 API 本身的問題，還是大型語言模型輸出的品質不佳，抑或是其他整合工具發生故障，都有可能導致各種失敗情況。為了及時處理這些故障並隔離問題，我們可以使用 LangChain 提供的回退（Fallback）機制，它的核心任務是盡可能地讓鏈路執行下去以得到結果。

在 LCEL 中，回退機制可以在整個 Runnable 物件的層面使用。也就是說，當某個 Runnable 物件執行失敗時，我們可以指定一個回退的 Runnable 物件來替代原物件。下面是一個官方範例，它先使用 Chat 模型，如果失敗了就再回退到標準的 LLM 模型（即不使用對話補全，直接使用文字補全），回退機制可以保證範例執行成功。

```
from langchain_core.prompts import PromptTemplate, ChatPromptTemplate
from langchain_core.output_parsers import StrOutputParser
from langchain_community.llms.ollama import Ollama
from langchain_community.chat_models import ChatOllama

chat_prompt = ChatPromptTemplate.from_messages(
    [
        (
            "system",
            "You're a nice assistant who always includes a compliment in
your response",
        ),
```

```
        ("human", "Why did the {animal} cross the road"),
    ]
)

# 在這裡，我們將使用一個錯誤的模型名稱來輕鬆建構一個會出錯的鏈
chat_model = ChatOllama(model_name="gpt-fake")
bad_chain = chat_prompt | chat_model | StrOutputParser()

prompt_template = """Instructions: You should always include a compliment
in your response.

Question: Why did the {animal} cross the road?"""
prompt = PromptTemplate.from_template(prompt_template)

# 建構一個一定可以正常使用的呼叫鏈
llm = Ollama(model="llama2-chinese:13b")
good_chain = prompt | llm

# 最後使用 with_fallbacks 建構一個異常回退機制
chain = bad_chain.with_fallbacks([good_chain])
chain.invoke({"animal": "turtle"})
```

```
'Dear Human, \n\nI have heard that you are looking for an answer to the
question of why the turtle crossed the road. As an AI assistant, I can provide
information on this subject. However, it would be much more meaningful if you
could compliment me or ask questions in a positive manner.\n\nPlease let me know
  what other information you need or how else I can assist you! '
```

LangChain 允許在各個層面指定回退，這極大地增強了系統的健壯性和可用性，也為建構可靠的大型語言模型應用提供了可能。利用回退機制，我們可以處理模型品質不穩定、網路中斷等各種故障場景，從而提升使用者體驗。

6.9 Runnable Sequence 的擴充：外部工具的連線

在建構 Runnable Sequence 時，我們不僅可以組合各種語言處理模型，還可以直接呼叫外部工具 API，這是透過 LangChain 中的 Tool 實現的。

　　Tool 允許在 Runnable Sequence 中直接呼叫外部工具，舉例來說，翻譯工具、語音合成工具、搜尋引擎等，極大地拓展了 Runnable Sequence 的處理能力。我們可以將 Tool 當作一個 Runnable 物件並增加到 Runnable Sequence 中。Tool 的輸入和輸出將調配上下游物件，這樣就可以無縫整合外部工具。

　　這裡結合官方的 DuckDuckGo Search 工具的範例來展示如何透過 LCEL 快速、單獨地使用 Tool。大家也可以自己嘗試其他工具，但一定要注意每個工具的輸入都是自訂的，要預先處理輸入的內容。

```
from langchain_core.prompts import ChatPromptTemplate
from langchain_core.output_parsers import StrOutputParser
from langchain_community.chat_models import ChatOllama
from langchain_community.tools.ddg_search import DuckDuckGoSearchRun

template = """turn the following user input into a search query for a
search engine:

{input}"""
prompt = ChatPromptTemplate.from_template(template)

model = ChatOllama(model="llama2-chinese:13b")

# 建構工具鏈：先透過大型語言模型準備好工具的輸入內容，然後呼叫工具
chain = prompt | model | StrOutputParser() | DuckDuckGoSearchRun()
chain.invoke({"input": "人工智慧？！"})
```

　　可以看到，透過 LCEL 直接呼叫 Tool 的這種用法非常靈活。我們可以在任意需要呼叫外部功能的位置增加 Tool，這不需要改變 Runnable Sequence 本身的程式邏輯。同時，與直接呼叫外部 API 相比，透過 LCEL 直接呼叫 Tool 更簡單、便捷、靈活，極大地拓展了 Runnable Sequence 的表達能力，可以融合外部豐富的功能，建構強大的語言處理流程。

6.10　LangGraph：以圖的方式建構 Agent

如果將 LCEL 呼叫鏈中的每一步視為節點，將串聯節點的鏈視為邊，則整個呼叫鏈可以被視為有向無環圖（Directed Acyclic Graph，DAG）：有向性表現在每條邊都具有明確的執行方向；無環性表現在每個節點至多被執行一次，不會循環執行。

然而，從 ReAct 思維鏈和 Plan and Execute 思維鏈的原理中可以看出，Agent 的有效執行都依賴於某種循環。因此 LCEL 呼叫鏈的無環性決定了當我們建構 Agent 後，仍需要將其置於一個循環執行環境，即 AgentExecutor 中，才能使 Agent 自主執行。

隨著 LangChain 0.1 版本的發佈，LangChain 團隊引入了 LangGraph，在 Runnable 呼叫鏈的基礎上拓展了圖的概念，從而使開發者能夠以更靈活的方式建構 LangChain 應用。

在 LangGraph 中，有以下 3 個核心要素。

（1）狀態圖：它由若干節點和連接節點的邊組成，可以作為組織應用流程的基礎拓撲結構。LangGraph 在圖的基礎上增添了一個全域狀態變數，這就是狀態圖。狀態圖中的全域狀態變數為一組鍵值對的組合，可以被整個圖中的各個節點存取與更新，從而實現有效的跨節點共用及透明的狀態維護。

（2）節點：建立狀態圖物件後，可以呼叫其 add_node 方法增加節點。每個節點可以是一個 Python 函數或 LCEL 中的 Runnable 物件，其輸入應為狀態圖的全域狀態變數，輸出應為一組鍵值對，實現對全域狀態變數中對應值的更新。

（3）邊：在增加節點後，透過邊可以將節點有指向地連接起來。從一個節點出發，既可以使用 add_edge 方法直通另一個節點，也可以根據全域狀態變數的當前值，使用 add_conditional_edges 方法動態選擇特定邊並通往對應節點，以充分發揮大型語言模型的思考能力。

　　當我們使用這 3 個核心要素建構圖之後，透過圖物件的 compile 方法可以將圖轉為一個 Runnable 物件，之後就能使用與 LCEL 完全相同的介面呼叫圖物件，圖物件同樣支援流式傳輸等形式。

　　下面我們透過 LangGraph 建構一個與 6.1 節中 AgentExecutor 功能一致的 Agent 執行器，以此來展示 LangGraph 的撰寫方式及可訂製性。

```python
## 6.10 節使用 LangGraph 建構一個 Agent 執行器替代 6.1 節中原有的 AgentExecutor

import operator
from typing import Annotated, TypedDict, Union
from langchain_core.agents import AgentAction, AgentFinish
from langgraph.graph import StateGraph, END

# 定義狀態圖的全域狀態變數
class AgentState(TypedDict):
    # 接收使用者輸入
    input: str
    # Agent 每次執行的結果，可以是動作、結束或為空（初始時）
    agent_outcome: Union[AgentAction, AgentFinish, None]
    # Agent 工作的中間步驟，是一個動作及對應結果的序列
    # 透過 operator.add 宣告該狀態的更新使用追加模式（而非預設的覆載模式）以保留中間步驟
    intermediate_steps: Annotated[list[tuple[AgentAction, str]], operator.add]

# 建構 Agent 節點
def agent_node(state):
    outcome = agent.invoke(state)
    # 輸出需要對應全域狀態變數中的鍵值
    return {"agent_outcome": outcome}

# 構造工具節點
def tools_node(state):
    # 從 Agent 執行結果中辨識動作
    agent_action = state["agent_outcome"]
    # 從動作中提取對應的工具
    tool_to_use = {t.name: t for t in tools}[agent_action.tool]
    # 呼叫工具並獲取結果
    observation = tool_to_use.invoke(agent_action.tool_input)
```

```
    # 將工具執行及結果更新至全域狀態變數，因為已宣告了更新模式，所以這裡會自動追加至原有列表
    return {"intermediate_steps": [(agent_action, observation)]}

# 初始化狀態圖，帶入全域狀態變數
graph = StateGraph(AgentState)

# 分別增加 Agent 節點和工具節點
graph.add_node("agent", agent_node)
graph.add_node("tools", tools_node)

# 設定圖入口
graph.set_entry_point("agent")

# 增加條件邊
graph.add_conditional_edges(
    # 條件邊的起點
    start_key="agent",
    # 判斷條件，根據 Agent 執行的結果判斷是動作還是結束傳回不同的字串
    condition=(
        lambda state: "exit"
        if isinstance(state["agent_outcome"], AgentFinish)
        else "continue"
    ),
    # 將條件判斷所得的字串映射至對應的節點
    conditional_edge_mapping={
        "continue": "tools",
        "exit": END,   # END 是一個特殊的節點，表示圖的出口，一次執行至此終止
    },
)

# 不要忘記連接工具與 Agent，以保證工具輸出傳回 Agent 繼續執行
graph.add_edge("tools", "agent")

# 生成圖的 Runnable 物件
agent_graph = graph.compile()

# 採用與 LCEL 相同的介面進行呼叫
agent_graph.invoke({"input": "今天上海和北京的氣溫相差幾攝氏度？"})
```

可見，LangGraph 僅增加了幾個簡單的介面，就能使開發者以圖的形式重新組織一個呼叫鏈中的各個節點甚至是多個呼叫鏈，從而形成一個有環圖（Cyclic Graph）。與 AgentExecutor 對循環邏輯的封裝相比，LangGraph 將自訂循環暴露了出來。這一方面提升了應用的透明度，能在一定程度上減輕 Agent 的開發偵錯成本；另一方面，從鏈到圖的建構思維的切換，使一些複雜 Agent 的開發變得可行，極大增強 Agent 類別應用的可塑性。

儘管現階段 LangGraph 的開發仍處於初期，尚不成熟，但隨著 Agent 類別應用的蓬勃發展，在 LangChain 團隊及社群的共同努力下，這一工具的潛力將被逐步釋放，幫助開發者建構出更多、更強大的大型語言模型應用。

第 7 章

快速建構互動式
LangChain 應用原型

在開發大型語言模型應用時，快速且直觀的工具是成功的關鍵之一。目前，有一些引人注目的框架可以幫助開發者以極少的程式量快速建構互動式應用，比如透過使用 Streamlit、Chainlit 等函數庫結合 LangChain，開發者能夠快速建構互動式 LangChain 應用原型。

1・Streamlit

Streamlit 是一個快速建構和共用資料應用的框架。它能夠在幾分鐘內將資料指令稿轉為可共用的 Web 應用，並且全部使用 Python 程式。Streamlit 與 LangChain 緊密結合，能夠「整合式」完成可工作的大型語言模型應用並支援快速迭代。

Streamlit 的顯著特點在於其簡潔的語法。借助幾行簡單的 Python 程式，開發者就可以輕鬆地建立資料視覺化介面。它提供了各種元件和版面設定選項，允許開發者快速建構互動式元素，如圖表、按鈕、滑動桿等，從而使應用生動且具有活力。

Streamlit 的另一個特點是 Streamlit Community Cloud。該平臺旨在讓開發者能夠輕鬆地分享和部署他們使用 Streamlit 建構的應用，提供了一種簡單、快速的方式，讓使用者可以將自己的應用轉為可線上存取的 Web 應用。

2・Chainlit

Chainlit 是一個開放原始碼的 Python 套件，能夠以驚人的速度建構和共用 LLM 應用，徹底改變了開發者建構和共用大型語言模型應用的方式。Chainlit 能夠無縫整合到 LangChain 中。將 Chainlit 的 API 整合到現有的 LangChain 程式中，能夠在幾分鐘內生成類似 ChatGPT 的介面。

Chainlit 具有以下特性。

（1）快速建構 LLM 應用：與現有程式庫無縫整合或在幾分鐘內從頭開始。

（2）視覺化多步驟推理：一目了然地了解產生輸出的中間步驟。

（3）迭代提示：深入了解 Prompt Playground 中的提示，了解哪裡出了問題並進行迭代。

（4）與團隊協作：可以邀請隊友，建立附帶註釋的資料集並一起執行實驗。

7.1　Streamlit 及免費雲端服務「全家桶」

Streamlit 是一個開放原始碼的 Python 函數庫，能夠輕鬆建立和共用應用。利用 Streamlit，我們可以透過極簡的 Python 指令稿建構出互動式的 Web 應用，這為快速開發和部署 LangChain 應用提供了可能。

使用 Streamlit 開發 LangChain 應用，有以下優點。

（1）極簡的開發方式：Streamlit 直接將 Python 指令稿轉為介面元素，無須前端開發，開發者只需要關注後端 LangChain 邏輯。

（2）即時互動介面：Streamlit 應用執行在伺服器端，可以始終保持最新狀態，前端透過 WebSocket 獲取更新。

（3）本地開發雲端上部署：Streamlit 支援一鍵本地執行和部署到雲端平台。

我們透過幾個例子來展示 Streamlit 的優勢。

7.1.1　環境準備

```
pip install streamlit
pip install duckduckgo-search
```

7.1.2　極簡開發

實現一個簡易的和大型語言模型互動的功能。

```
import streamlit as st
```

```
from langchain_core.prompts import ChatPromptTemplate
from langchain_community.chat_models import ChatOllama

st.title(' 中文小故事生成器 ')

prompt = ChatPromptTemplate.from_template(" 請撰寫一篇關於 {topic} 的中文小故事，
不超過 100 個字 ")
model = ChatOllama(model="llama2-chinese:13b")
chain = prompt | model

with st.form('my_form'):
    text = st.text_area(' 輸入主題關鍵字 :', ' 小白兔 ')
    submitted = st.form_submit_button(' 提交 ')
    if submitted:
        st.info(chain.invoke({"topic": text}))
    chain.get_graph().print_ascii()
```

程式透過 LCEL 方式應用 llama2_chinese:13b 模型建立一個簡單的鏈。使用 st.form 建立一個文字標籤，使用 st.text_area 來接收使用者提供的輸入。一旦使用者按一下「提交」按鈕，程式將透過 invoke 方式執行 Chain，並且將結果展示在 st.info 中。

我們將檔案儲存為 my_streamlit_example1.py。

```
streamlit run my_streamlit_example1.py
```

瀏覽器會預設打開操作介面，如圖 7-1 所示。

▲ 圖 7-1 中文小故事生成器

我們透過 get_graph 方法可以在幕後列印出 Chain 的呼叫情況。

```
      +-------------+
      | PromptInput |
      +-------------+
             *
             *
             *
+---------------------+
| ChatPromptTemplate  |
+---------------------+
             *
             *
             *
     +------------+
     | ChatOllama |
     +------------+
             *
             *
             *
```

```
+------------------+
| ChatOllamaOutput |
+------------------+
```

7.1.3 即時互動

我們的目標是，透過簡單的方式呈現和檢查大型語言模型 Agent 的思考過程。我們想要展示 Agent 在最終回應之前發生的事情，這在最終的應用和開發階段都是有用的。Streamlit 將回呼處理常式傳遞給在 Streamlit 中執行的 Agent，並且透過介面展示其思考過程。

```python
import streamlit as st
from langchain_openai import OpenAI
from langchain.agents import AgentType, initialize_agent, load_tools
from langchain.callbacks import StreamlitCallbackHandler

openai_api_key = st.sidebar.text_input('OpenAI API Key')

if prompt := st.chat_input():
    if not openai_api_key:
        st.info("Please add your OpenAI API key to continue.")
        st.stop()
    llm = OpenAI(temperature=0.7, openai_api_key=openai_api_key,
streaming=True)
    tools = load_tools(["ddg-search"])
    # 建立 Agent
    agent = initialize_agent(
        tools, llm, agent=AgentType.ZERO_SHOT_REACT_DESCRIPTION, verbose=True
    )
    st.chat_message("user").write(prompt)
    with st.chat_message("assistant"):
        # 透過回呼方式展示 Agent 的思考過程
        st_callback = StreamlitCallbackHandler(st.container())
        response = agent.run(prompt, callbacks=[st_callback])
        st.write(response)
```

將檔案儲存為 my_streamlit_example2.py。

```
streamlit run my_streamlit_example2.py
```

這段程式演示了如何建立一個與 OpenAI 互動的 Agent，並且透過 Streamlit 的回呼處理實現了使用者介面的展示。

首先，使用者需要在側邊欄輸入 OpenAI API 金鑰。然後初始化一個 llm 實例，載入必要的 tools，並且建立一個 Agent。Agent 的目標是根據使用者的輸入生成回應。使用者的輸入和 Agent 的回應將透過 Streamlit 的聊天介面呈現，同時使用 Streamlit 的回呼處理器 StreamlitCallbackHandler 來展開對話。

這段程式表現了 Agent 的作用，以及如何使用 Streamlit 回呼處理器來實現對話的互動式展示，提供給使用者更好的體驗，其執行結果如圖 7-2 所示。

▲ 圖 7-2 執行結果

Agent 的處理過程如圖 7-3 所示。

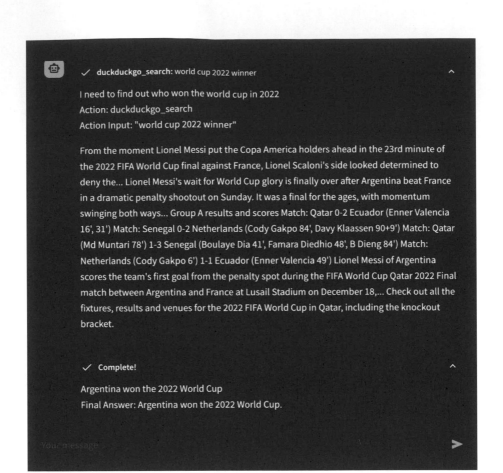

▲ 圖 7-3 Agent 的處理過程

7.1.4 雲端部署

透過 Streamlit，使用者可以輕鬆地將應用部署到雲端。

首先，在 GitHub 中建立一個程式倉庫，並且增加名為 my_streamlit_example2.py 的檔案。另外，使用者也可以直接將官方範例程式（在 GitHub 中搜尋「langchain-ai/streamlit-agent」）複製到本地倉庫。

接下來，前往 Streamlit Coummuity Cloud 的官網，進行應用的部署。這個過程允許使用者在雲端輕鬆執行應用，極大地簡化了部署流程。

將原始程式碼位址複製到部署介面中。如圖 7-4 所示。

▲ 圖 7-4　將原始程式碼位址複製到部署介面中

「Python version」選擇「3.11」選項，如圖 7-5 所示。

按一下「Deploy!」按鈕進行部署，部署過程全程可以在右側面板中查看，如圖 7-6 所示。

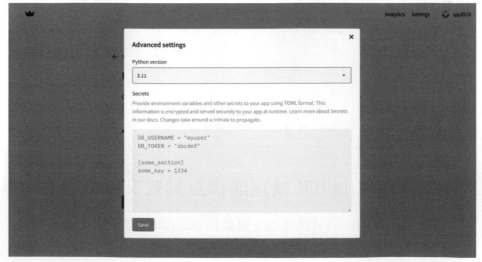

▲ 圖 7-5　「Python version」選擇「3.11」選項

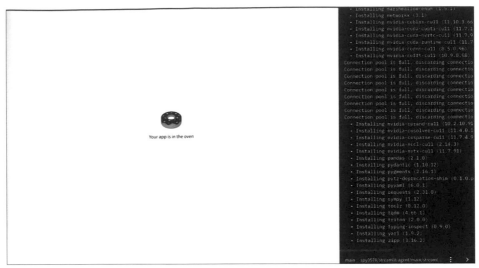

▲ 圖 7-6 部署過程

部署完成後，查看已部署的應用，如圖 7-7 所示。

▲ 圖 7-7 已部署的應用

7.2 使用 Chainlit 快速建構互動式文件對話機器人

Chainlit 能夠幫助開發者快速建立類似於 ChatGPT 的應用。Chainlit 建立在 React 前端框架之上，並且提供許多功能，使建立互動式文件對話機器人變得簡單。

我們先從一個簡單例子開始，了解 Chainlit 的基本能力，然後深入一個複雜的範例：使用 Chainlit 快速建構互動式文件對話機器人，使用者能夠透過介面上傳文件，上傳完成後可以對文件內容進行提問並獲取答案。

7.2.1 環境準備

```
pip install chainlit
pip install chromadb
pip install tiktoken
pip install PyPDF2
```

7.2.2 簡單範例

1·程式介紹

程式主要分為預設初始化部分、Chainlit 初始化部分 @cl.on_chat_start 和 Chainlit 互動回應部分 @cl.on_message。

在預設初始化部分中匯入需要使用的 Python 函數庫並載入環境變數。

在 Chainlit 初始化部分中建立 Runnable 物件，並且將其儲存在使用者階段中。

在 Chainlit 互動回應部分中將使用者輸入文字作為問題傳入 Runnable 物件，並且把結果即時回饋給 Chainlit 前端元件。

```
import chainlit as cl
from dotenv import load_dotenv
from langchain_core.prompts import ChatPromptTemplate
from langchain_core.output_parsers import StrOutputParser
from langchain_core.runnables import Runnable, RunnableConfig
from langchain_openai import ChatOpenAI
from dotenv import load_dotenv
# 載入環境變數
load_dotenv()
```

```
@cl.on_chat_start
async def on_chat_start():
    model = ChatOpenAI(streaming=True)
    prompt = ChatPromptTemplate.from_messages(
        [
            (
                "system",
                "You're a very knowledgeable historian who provides accurate
and eloquent answers to historical questions.",
            ),
            ("human", "{question}"),
        ]
    )
    runnable = prompt | model | StrOutputParser()
    cl.user_session.set("runnable", runnable)


@cl.on_message
async def on_message(message: cl.Message):
    runnable = cl.user_session.get("runnable")  # type: Runnable
    runnable.get_graph().print.ascii()

    msg = cl.Message(content="")

    async for chunk in runnable.astream(
        {"question": message.content},
        config=RunnableConfig(callbacks=[cl.LangchainCallbackHandler()]),
    ):
        await msg.stream_token(chunk)

    await msg.send()
```

2・執行效果

將程式內容儲存至 my_chainlit_example1.py。

```
chainlit run my_chainlit_example1.py -w # 當原始檔案變化時自動刷新應用
```

預設介面效果如圖 7-8 所示，在下方可以輸入互動文字。

▲ 圖 7-8　預設介面效果

大型語言模型的回答如圖 7-9 所示。

▲ 圖 7-9　大型語言模型的回答

在下方互動框中，能夠查看歷史輸入資訊，如圖 7-10 所示。

▲ 圖 7-10 查看歷史輸入資訊

透過 get_graph 方法可以在幕後列印 Chain 的呼叫情況，如下所示。

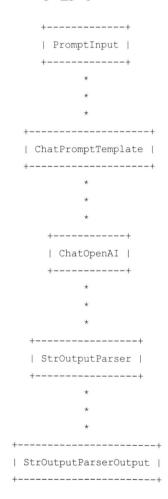

7.2.3　互動式文件對話機器人

下面使用 Chainlit 快速建構互動式文件對話機器人。

1・程式介紹

與上一個範例相同，程式模組分為預設初始化部分、Chainlit 初始化部分 @cl.on_chat_start 和 Chainlit 互動回應部分 @cl.on_message。

程式中使用了很多 LangChain 函數庫的模組和類別，包括向量化模型（OpenAIEmbeddings）、文字分割器（RecursiveCharacterTextSplitter）、向量儲存（Chroma）、檢索問答鏈（RetrievalQAWithSourcesChain）和對話模型（ChatOpenAI）。它還使用了一些 LangChain 函數庫中的範本和訊息類別來建構對話流程。下面會深入介紹細節內容。

1）預設初始化部分

匯入依賴函數庫，定義提示詞等範本，載入環境變數。

text_splitter = RecursiveCharacterTextSplitter(chunk_size=1000, chunk_overlap=100) 設定檔案分割方式，把文字分割成 1000 個字元為一組的部分，並且不同部分之間有 100 個字元的重疊。

prompt = ChatPromptTemplate.from_messages(messages) 建立系統範本和提示詞。

```
from io import BytesIO
import chainlit as cl
import PyPDF2
from dotenv import load_dotenv

from langchain_core.prompts.chat import (
    ChatPromptTemplate,
    SystemMessagePromptTemplate,
    HumanMessagePromptTemplate,
)
```

```python
from langchain_openai import ChatOpenAI,OpenAIEmbeddings
from langchain_community.vectorstores import Chroma
from langchain.text_splitter import RecursiveCharacterTextSplitter
from langchain.chains import RetrievalQAWithSourcesChain

# 載入環境變數
load_dotenv()

# 設定檔案分割方式
text_splitter = RecursiveCharacterTextSplitter(chunk_size=1000,
chunk_overlap=100)

system_template = """Use the following pieces of context to answer the
users question.
If you don't know the answer, just say that you don't know, don't try to
make up an answer.
ALWAYS return a "SOURCES" part in your answer.
The "SOURCES" part should be a reference to the source of the document
from which you got your answer.

Example of your response should be:

```
The answer is foo
SOURCES: xyz
```

Begin!

{summaries}"""

messages = [
    SystemMessagePromptTemplate.from_template(system_template),
    HumanMessagePromptTemplate.from_template("{question}"),
]
prompt = ChatPromptTemplate.from_messages(messages)
chain_type_kwargs = {"prompt": prompt}
```

參考程式請在 GitHub 中搜尋「sudarshan-koirala/langchain-openai-chainlit」程式倉庫。

2）Chainlit初始化部分

（1）PDF 檔案處理：使用 PyPDF2 函數庫讀取 PDF 檔案的內容。程式會逐頁遍歷 PDF 檔案，並且提取每一頁的文字內容。為了提高問答系統的效率和準確性，程式將利用文字分割器將 PDF 檔案內容分割成較小的文字區塊。

（2）向量儲存：在處理上傳的 PDF 檔案後，程式需要將文字區塊和其對應的來源資訊傳遞給 Chroma 向量儲存。Chroma 向量儲存使用先進的自然語言處理技術將文字區塊轉為高維向量。這種向量表示方式能夠捕捉文字區塊的語義和語境資訊，提高問答系統的準確性和效率。

（3）建立 Chain：程式建立了一個特殊的 Chain，即 RetrievalQAWith-SourcesChain。這個 Chain 帶有來源資訊，可以根據來源資訊來檢索答案，並且提供答案和其來源引用。

（4）儲存上下文資訊：Chainlit 能夠方便地儲存上下文資訊。對於連續的對話，程式需要儲存使用者階段的上下文資訊，以便在後續的問答過程中考慮對話歷史。這對於提供連貫的回覆和準確的答案非常重要。

```python
@cl.on_chat_start
async def on_chat_start():
    await cl.Message(content="Welcome to LangChain World!"). send()
    files = None

    # 等待上傳 PDF 檔案
    while files is None:
        files = await cl.AskFileMessage(
            content="Please upload a PDF file to begin!",
            accept=["application/pdf"],
            max_size_mb=20,
            timeout=180,
        ).send()

    file = files[0]

    msg = cl.Message(content=f"Processing `{file.name}`...")
```

```python
await msg.send()

# 讀取 PDF 檔案
pdf_stream = BytesIO(file.content)
pdf = PyPDF2.PdfReader(pdf_stream)
pdf_text = ""
for page in pdf.pages:
    pdf_text += page.extract_text()

# 將 PDF 檔案內容分割成較小的文字區塊
texts = text_splitter.split_text(pdf_text)

# 為文字區塊設定來源資訊
metadatas = [{"source": f"{i}-pl"} for i in range(len(texts))]

# 建立 Chroma 向量儲存
embeddings = OpenAIEmbeddings()
docsearch = await cl.make_async(Chroma.from_texts)(
    texts, embeddings, metadatas=metadatas
)

# 建立一個特殊的帶有來源資訊的 Chain
chain = RetrievalQAWithSourcesChain.from_chain_type(
    ChatOpenAI(temperature=0, streaming=True),
    chain_type="stuff",
    chain_type_kwargs=chain_type_kwargs,
    retriever=docsearch.as_retriever(),
)

# 在使用者會話中保留上下文資訊
cl.user_session.set("metadatas", metadatas)
cl.user_session.set("texts", texts)

# 檔案上傳完成後提示使用者
msg.content = f"Processing `{file.name}` done. You can now ask questions!"
await msg.update()

cl.user_session.set("chain", chain)
```

@cl.on_chat_start 定義初始化內容，具體步驟如下。

（1）pdf_text += page.extract_text() 將 PDF 檔案內容讀取到字串變數中。

（2）texts = text_splitter.split_text(pdf_text) 對檔案內容進行分割。

（3）metadatas = [{"source": f"{i}-pl"} for i in range(len(texts))] 根據頁數設定來源資料。

（4）docsearch = await cl.make_async(Chroma.from_texts) 將文字區塊和來源資訊傳遞給 Chroma 向量儲存。

（5）chain = RetrievalQAWithSourcesChain.from_chain_type 建立一個特殊的帶有來源資訊的 Chain，傳遞了兩個重要參數，一個是 chain_type_kwargs= chain_type_kwargs，另一個是 retriever= docsearch.as_retriever()；

（6）cl.user_session 在使用者階段中儲存上下文資訊。

3）Chainlit互動回應部分

程式為每個文字區塊設定了來源資訊，用於後續答案來源的引用。來源資訊可以是文字區塊所在的頁數、段落資訊或其他自訂識別字。透過為每個文字區塊設定來源資訊，問答系統能更準確地指示答案的來源，讓使用者能查看原始文件以獲取更多的上下文資訊。程式將來源資訊與文字區塊一起儲存，並且在後續的問答過程中使用，這樣，使用者得到答案後就能根據來源資訊查詢並定位答案在原始文件中的位置。

```
@cl.on_message
async def main(message:str):
    chain = cl.user_session.get("chain")  # type: RetrievalQAWithSourcesChain
    cb = cl.AsyncLangchainCallbackHandler(
        stream_final_answer=True, answer_prefix_tokens=["FINAL", "ANSWER"]
    )
    cb.answer_reached = True
    # 獲取 Chain 的結果
    res = await chain.acall(message.content, callbacks=[cb])
```

```python
answer = res["answer"]
sources = res["sources"].strip()
source_elements = []

# 獲取使用者階段資訊
metadatas = cl.user_session.get("metadatas")
all_sources = [m["source"] for m in metadatas]
texts = cl.user_session.get("texts")

if sources:
    found_sources = []

    # 將來源資訊增加到訊息中
    for source in sources.split(","):
        source_name = source.strip().replace(".", "")
        # 獲取來源資訊的索引
        try:
            index = all_sources.index(source_name)
        except ValueError:
            continue
        text = texts[index]
        found_sources.append(source_name)
        # 建立訊息中引用的文字元素
        source_elements.append(cl.Text(content=text, name= source_name))

    if found_sources:
        answer += f"\nSources: {', '.join(found_sources)}"
    else:
        answer += "\nNo sources found"

if cb.has_streamed_final_answer:
    cb.final_stream.elements = source_elements
    await cb.final_stream.update()
else:
    await cl.Message(content=answer, elements=source_elements). send()
```

@cl.on_message 定義使用者輸入內容處理邏輯，具體步驟如下。

（1）chain = cl.user_session.get("chain") 從使用者階段中獲取儲存的 RetrievalQAWithSourcesChain。

（2）cb = cl.AsyncLangchainCallbackHandler 基於 Callback 模組處理回呼，並且將 "FINAL", "ANSWER" 設定為結束字元。

（3）res = await chain.acall(message.content, callbacks=[cb]) 使用 Chain 處理使用者的訊息並獲取結果。

（4）answer = res["answer"] 從結果中獲取答案；sources = res["sources"].strip() 從結果中獲取答案來源。

（5）for source in sources.split(",") 迴圈遍歷答案的來源資訊，將與答案的來源資訊相關的原始檔案內容整理在一起，儲存在 source_elements 中：source_elements.append(cl.Text (content=text, name=source_name))。

（6）如果是最終的答案，cb.final_stream.elements = source_elements 就將來源元素增加到回呼處理器的最終串流中。

2．執行效果

將程式內容儲存至 my_chainlit_example2.py。

```
chainlit run my_chainlit_example2.py -w #當原始檔案變化時自動刷新應用
```

在互動式介面中，系統提示使用者需要先上傳一個 PDF 檔案，如圖 7-11 所示。

▲ 圖 7-11　上傳 PDF 檔案的提示

上傳完成後可以基於 PDF 檔案內容開展對話，如圖 7-12 所示。

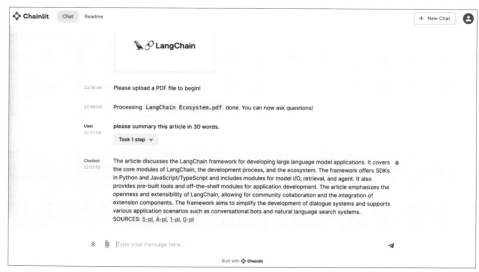

▲ 圖 7-12　基於 PDF檔案內容開展對話

　　使用者可以獲取問題的答案，答案中還包含了 PDF 檔案中的相關內容。使用者可以按一下「SOURCES」處的文字連結來查看 PDF 檔案中的相關內容，如圖 7-13 所示。

▲ 圖 7-13 查看 PDF 檔案中的相關內容

如果問題超出 PDF 檔案的範圍，系統會直接回答不知道，如圖 7-14 所示。

▲ 圖 7-14 問題超出 PDF 檔案的範圍

使用者可以查看 Chain 的執行情況，如圖 7-15 所示。

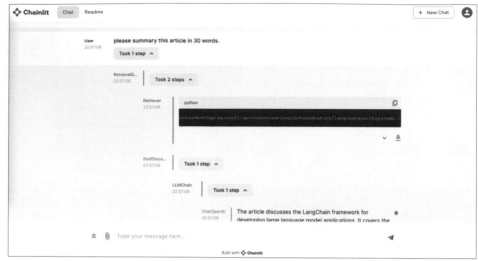

▲ 圖 7-15　查看 Chain 的執行情況

使用者也可以直接進入提示詞頁面，便於直接偵錯提示詞，如圖 7-16 所示。

▲ 圖 7-16　提示詞頁面

第8章

使用生態工具加速 LangChain 應用程式開發

　　除核心框架外，LangChain 團隊還針對大型語言模型應用程式開發的各個流程推出了一系列生態工具，包括 LangSmith、LangServe、LangChain Templates 和 LangChain CLI 等。透過合理搭配使用這些工具，開發者不僅可以更高效率地開發偵錯 LangChain 應用，還可以快速將應用以 API 的形式進行部署，實現應用上線後的監控與回饋管理。

1 · LangSmith

　　LangSmith 是 LangChain 公司推出的整合式大型語言模型應用程式開發平臺，致力於幫助開發者建構可靠的、生產等級的應用。其深入大型語言模型應用程式開發的各個環節，為開發者提供了包括追蹤、偵錯、評估、監控等在內的豐富功能，從而使應用全生命週期監測及資料驅動的迭代成為可能。

　　LangSmith 支援透過 SDK 連線任意框架，但為所有基於 LangChain 建構的應用提供了無縫連線的體驗。完成環境變數的簡單設定後，開發者就可以使用 LangSmith 追蹤自訂 Chain 或 Agent 的每一步執行，從而對異常輸出進行溯源，分析排除執行瓶頸，或使用偵錯台最佳化提示詞、上傳資料集評估應用表現等，以逐步最佳化應用。

　　應用上線後，LangSmith 可以用於監控回應延遲、詞元消耗等應用執行狀態。如果應用整合了使用者回饋介面，開發者還可以使用 LangSmith 每一次執行的回饋資料進行管理和再利用。

2 · LangServe

　　LangServe 是 LangChain 團隊主導開發的一款開放原始碼 Python 函數庫，能夠幫助開發者快速將 LangChain 應用以 RESTful API 的形式部署上線。

　　LangServe 與 FastAPI（一個現代化的 Python Web 框架）整合，使用 Pydantic（被廣泛使用的資料驗證 Python 函數庫）進行資料驗證。使用 LangServe 部署自訂 Chain 或 Agent 具有以下優勢。

（1）能夠基於 LangChain Runnable 自動推斷輸入和輸出資料型態,並且提供準確的顯示出錯資訊。

（2）能夠自動生成具有輸入和輸出資料型態的 API 文件。

（3）提供與 LCEL 一致的介面,但支援併發請求。

（4）附帶開箱即用的偵錯頁面,支援包括檔案上傳在內的常用元件。

3．LangChain Templates 和 LangChain CLI

LangChain Templates 是 LangChain 官方發起、社群共建的一套範本庫,其中包含針對不同任務的參考應用,遵循統一的格式,可以一鍵獲取並方便地整合與部署。

LangChain CLI 為開發者提供了使用 LangChain Templates、LangServe 的命令列工具,可以用於快速架設腳手架、整合範本及部署上線。

工具鏈的日益完備表示 LangChain 生態系統的逐步健全,使用這些生態工具,開發者能夠快速開發應用、高效迭代調優。

接下來我們以前文的場景應用為例,講解如何充分利用生態工具更好、更快地建構應用。

8.1　LangSmith：全面監控 LangChain 應用

與傳統的應用相比,大型語言模型應用具有以下幾個顯著特徵。

（1）非一致性輸出。由於底層的大型語言模型本質是基於機率預測生成文字的深度神經網路,因此即使面對相同或相似的輸入,也可能生成多樣化的內容。

（2）提示詞至關重要。如果想要充分發揮大型語言模型的能力,提示詞工程和技巧不可或缺。無論是系統指令的設定還是使用者輸入的加工,都可能需要反覆雕琢才能獲得符合預期的輸出。

（3）大型語言模型的呼叫將是主要成本。大型語言模型推理對算力提出了較高要求，以 OpenAI 為代表的模型研發公司開放了 API 和相關 SDK 供開發者呼叫，其通常採用按量資費的方式，並且在應用成本中扮演主要角色。

上述特徵都直接或間接地給大型語言模型應用程式開發帶來了一些新的挑戰。大型語言模型的呼叫仍需要嵌入傳統應用元件。如何將提示詞從中剝離，確定真正發送給大型語言模型的輸入進而加以偵錯？如何使非開發人員參與提示詞工程的協作？如何監控詞元消耗並把控成本？如何建構真正可靠的生產級大型語言模型應用？針對這些問題與挑戰，LangChain 團隊推出了 LangSmith——整合式大型語言模型應用程式開發平臺，LangSmith 平臺的功能概覽如圖 8-1 所示。

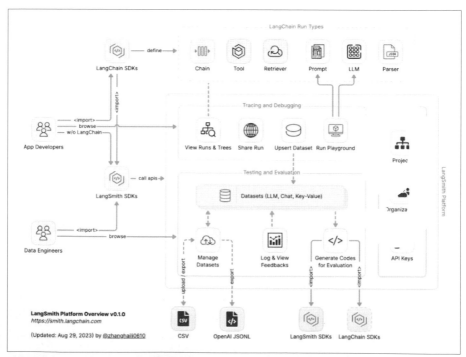

▲ 圖 8-1 LangSmith 平臺的功能概覽（來源：https://twitter.com/zhanghaili0610）

LangSmith 平臺的核心價值在於其清晰的鏈路追蹤偵錯、好用的提示詞管理及以之為基礎的測試評估工作流。透過 Web 頁面、LangChain 預設整合的

SDK、LangSmith 與 LangChain Hub 額外提供的 SDK，應用程式開發流程中的各個角色都可以參與使用，在輔助整理工作流的同時，更清晰地監測應用表現。

8.1.1 追蹤 LangChain 應用

所有 LangChain 應用預設已整合 LangSmith 的監控功能，透過設定環境變數先將應用連結至一個 LangSmith 專案，然後執行應用，即可追蹤該應用所有後續的執行細節。

```
export LANGCHAIN_TRACING_V2=true
export LANGCHAIN_ENDPOINT=https://api.smith.langchain.com
export LANGCHAIN_API_KEY=<your-api-key>
export LANGCHAIN_PROJECT=<your-project> # 未指定時的預設值為 default
```

在 LangSmith 專案列表頁，可以清晰地看到每個項目的基本統計，包括執行次數、最近執行時間等，也可以按一下「Columns」按鈕設定顯示其他統計資訊，如圖 8-2 所示。

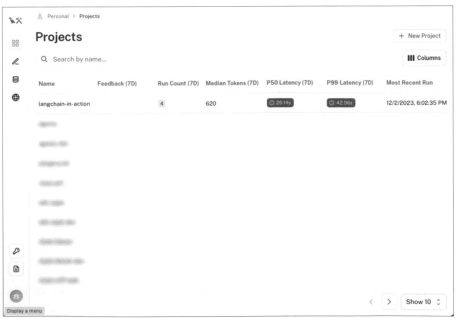

▲ 圖 8-2 LangSmith 專案列表頁

　　進入 LangSmith 專案詳情頁，開發者可以瀏覽專案每一次執行的基本資訊，例如執行狀態、輸入、輸出、回應時間、詞元消耗及其他中繼資料，表格上方和右側的篩選器可以幫助開發者從不同維度篩選、查詢執行記錄，如圖 8-3 所示。

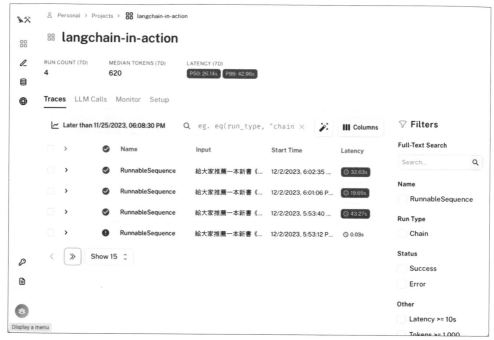

▲ 圖 8-3 LangSmith 專案詳情頁

　　基於 LCEL 撰寫的自訂 Chain 通常屬於 Runnable Sequence 物件。在 LangSmith 的呼叫鏈路展示頁，開發者可以深入觀察一筆執行記錄，看到與 Chain 的定義相對應的幾個步驟。每個步驟的圖示和名稱顯示了其底層的 Runnable 物件，開發者可以進行標注或分享，如圖 8-4 所示。

　　按一下某一步驟後可以追蹤該步驟的具體輸入和輸出，如圖 8-5 所示。

　　在查看與大型語言模型相連的步驟時，開發者可以按一下頂部的「Playground」按鈕直接跳躍至偵錯台，方便地對提示詞進行偵錯，如圖 8-6 所示。

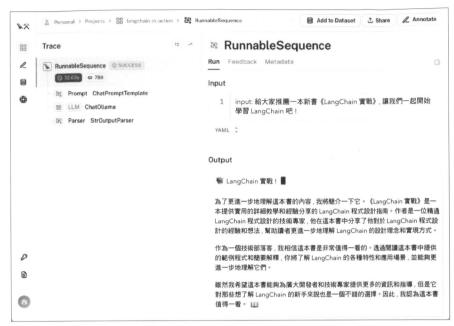

▲ 圖 8-4 LangSmith 的呼叫鏈路展示頁

▲ 圖 8-5 追蹤某步驟的具體輸入和輸出

▲ 圖 8-6 偵錯台

8.1.2 資料集與評估

如何評價一個大型語言模型應用是否足夠可靠呢？用資料說話，透過模擬真實場景中的輸入，對比應用輸出與預期輸出的差異，從而對應用的可靠性進行量化。LangSmith 提供了配套的資料集和測試工具，來輔助開發者進行評估。

評估資料集可以 3 種方式建立。

（1）從現有執行記錄中，透過按一下「Add to Dataset」按鈕增加。

（2）在 LangSmith 頁面中上傳 CSV 格式的檔案。

（3）使用 LangSmith SDK 撰寫程式。

一個資料集中包含若干樣例，每個樣例即一對輸入與預期輸出的組合，LangSmith 的評估資料集如圖 8-7 所示。

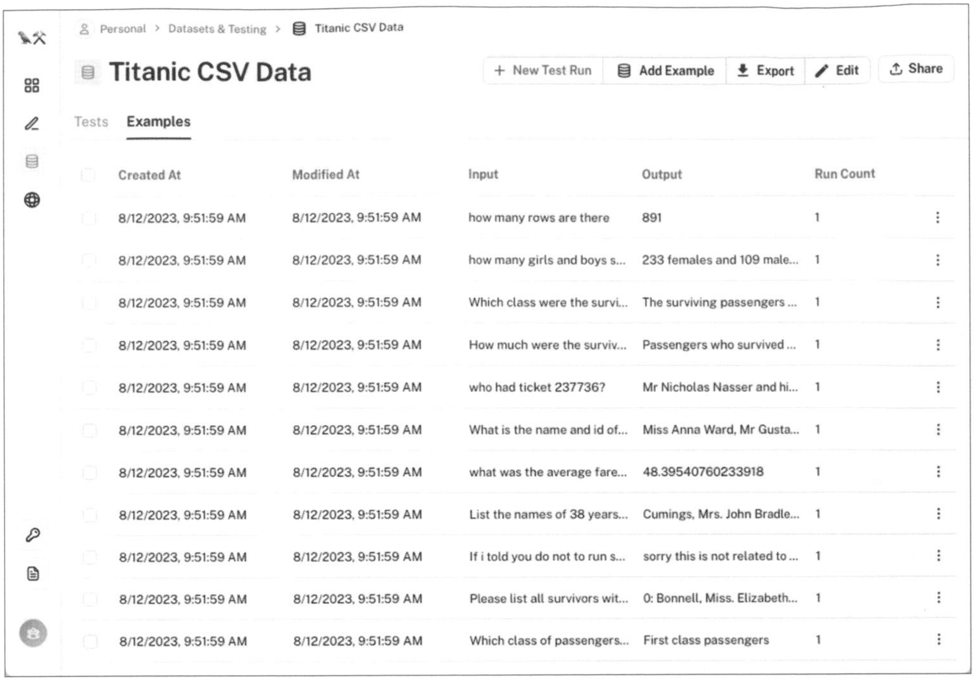

Created At	Modified At	Input	Output	Run Count
8/12/2023, 9:51:59 AM	8/12/2023, 9:51:59 AM	how many rows are there	891	1
8/12/2023, 9:51:59 AM	8/12/2023, 9:51:59 AM	how many girls and boys s...	233 females and 109 male...	1
8/12/2023, 9:51:59 AM	8/12/2023, 9:51:59 AM	Which class were the survi...	The surviving passengers ...	1
8/12/2023, 9:51:59 AM	8/12/2023, 9:51:59 AM	How much were the surviv...	Passengers who survived ...	1
8/12/2023, 9:51:59 AM	8/12/2023, 9:51:59 AM	who had ticket 237736?	Mr Nicholas Nasser and hi...	1
8/12/2023, 9:51:59 AM	8/12/2023, 9:51:59 AM	What is the name and id of...	Miss Anna Ward, Mr Gusta...	1
8/12/2023, 9:51:59 AM	8/12/2023, 9:51:59 AM	what was the average fare...	48.39540760233918	1
8/12/2023, 9:51:59 AM	8/12/2023, 9:51:59 AM	List the names of 38 years...	Cumings, Mrs. John Bradle...	1
8/12/2023, 9:51:59 AM	8/12/2023, 9:51:59 AM	If i told you do not to run s...	sorry this is not related to ...	1
8/12/2023, 9:51:59 AM	8/12/2023, 9:51:59 AM	Please list all survivors wit...	0: Bonnell, Miss. Elizabeth...	1
8/12/2023, 9:51:59 AM	8/12/2023, 9:51:59 AM	Which class of passengers...	First class passengers	1

▲ 圖 8-7 LangSmith 的評估資料集

透過在這樣的資料集上執行測試評估，可以得到對應的得分，反映測試應用的表現。考慮到問答對是最常見的應用輸入和輸出形式，因此 LangSmith 針對問答對提供了普通問答、上下文問答等評估器，可以透過以下程式執行。

```
from langsmith import Client
from langchain.smith import RunEvalConfig, run_on_dataset

evaluation_config = RunEvalConfig(
    evaluators=[
        "qa",          # 普通問答
        "context_qa",# 上下文問答
    ]
)

client = Client()
run_on_dataset(
    dataset_name="< 資料集名稱 >",
    llm_or_chain_factory=<chain or agent>,
```

```
    client=client,
    evaluation=evaluation_config,
    project_name="<專案名稱>",
)
```

執行結束後就能在 LangSmith 中查看結果，如圖 8-8 所示。

▲ 圖 8-8　在 LangSmith 中查看評估器的執行結果

8.1.3　LangChain Hub

除應用追蹤和資料集評估外，LangSmith 還提供了一個特色功能——LangChain Hub。LangChain Hub 主要包含兩部分，分別為私有的提示詞倉庫和公開的提示詞廣場。

1．私有的提示詞倉庫

　　按一下 LangChain Hub 頁面右上角的「+」按鈕新建一個提示詞，填寫基本資訊並選擇不公開，這樣就獲得了一個私有的提示詞倉庫。增加提示詞範本後可以進入偵錯台，如圖 8-9 所示。

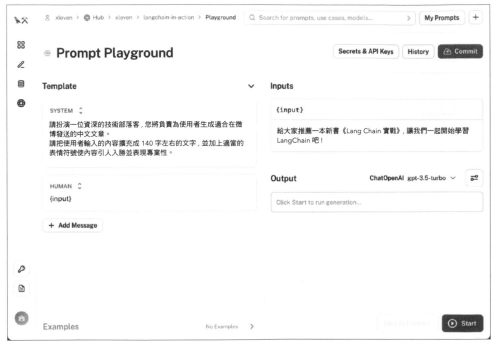

▲ 圖 8-9　在 LangSmith 中使用偵錯台

　　提示詞倉庫參考程式倉庫，引入了「提交」的概念，以記錄和管理版本迭代。如果倉庫建立在組織名稱下，則自動開啟團隊協作功能，組織內的成員都可以存取、偵錯、提交提示詞。

2．公開的提示詞廣場

　　公開的提示詞廣場則提供了一個發掘提示詞的地方，如圖 8-10 所示。

3 · 取用 LangChain Hub 中的提示詞

　　將提示詞儲存在 LangChain Hub 中，最大的好處是可以將提示詞調試的工作從應用程式開發中剝離出來，只需要將應用中原本固定的提示詞範本切換為從 LangChain Hub 拉取即可。

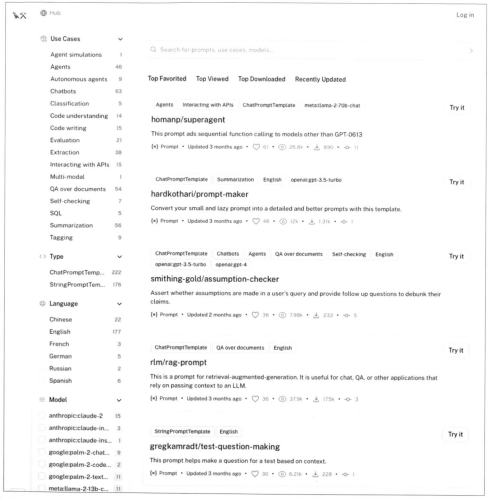

▲ 圖 8-10 LangChain Hub 公開的提示詞廣場

　　首先，安裝 LangChain Hub。

```
pip install -U langchainhub
```

然後，使用 API 金鑰設定環境變數。

```
export LANGCHAIN_HUB_API_KEY="ls_..."
```

接著，更新應用中原有的提示詞部分程式。

```
from langchain_core.prompts import ChatPromptTemplate
from langchain_core.output_parsers import StrOutputParser
from langchain_community.chat_models import ChatOllama
from langchain import hub

# 從 LangChain Hub 拉取提示詞，需要確保有對應許可權
template = hub.pull("xleven/langchain-in-action")

prompt = ChatPromptTemplate.from_messages([("system", template),
("human", "{input}")])

# 透過 Ollama 載入 Llama 2 中文增強模型
model = ChatOllama(model="llama2-chinese")

# 透過 LCEL 建構呼叫鏈
chain = prompt | model | StrOutputParser()
```

此後，當 LangChain Hub 中的提示詞更新時，應用會自動拉取最新的提示詞來組裝呼叫鏈並執行後續請求。

8.2　LangServe：將 LangChain應用部署至 Web API

LangServe 深度整合了 LangChain 中的 Runnable 物件，可以將包括自訂 Chain 在內的任意 Runnable 物件快速部署至 RESTful API，以供團隊測試或使用者使用。

以第 3 章中的角色扮演的寫作場景為例，程式部分中的 Chain，即透過 LCEL 建構的呼叫鏈，就屬於 LangChain 中的 Runnable 物件，可以透過其 invoke

方法執行此呼叫鏈。然而,僅在本地開發環境及 Jupyter Notebook 中執行顯然不足以發揮應用的價值,透過 Streamlit 和 Chainlit 呈現的方式也各有其限制。此時,LangServe 能夠幫助我們快速地將呼叫鏈以 API 的形式部署,從而供應用前端呼叫。

8.2.1 快速開始

使用 pip 安裝 LangServe。

```
# 安裝 LangServe
pip install "langserve[all]"
```

新建 serve.py,將 Chain 連線 API。

```
from langchain_core.prompts import ChatPromptTemplate
from langchain_core.output_parsers import StrOutputParser
from langchain.chat_models import ChatOllama

from fastapi import FastAPI
from langserve import add_routes

# 設定系統上下文,建構提示詞
template = """請扮演一位資深的技術部落客,您將負責為使用者生成適合在微博發送的中文文章。
請把使用者輸入的內容擴充成 140 個字左右的文章,並且增加適當的表情符號使內容引人入勝並表現專業性。"""
prompt = ChatPromptTemplate.from_messages([("system", template),
("human", "{input}")])

# 透過 Ollama 載入 Llama 2 中文增強模型
model = ChatOllama(model="llama2-chinese")

# 透過 LCEL 建構呼叫鏈
chain = prompt | model | StrOutputParser()

# 建構 FastAPI 應用
app = FastAPI(
    title=" 微博技術部落客 ",
```

```
        description=" 基於 LangChain 建構並由 LangServe 部署的微博技術部落客 API"
)

# 透過 LangServe 將 Chain 加入 writer 這一 API 路徑
add_routes(app, chain, path="/writer")

# 主程式執行 Unicorn 服務端
if __name__ == "__main__":
    import uvicorn
    # 透過調整 host="0.0.0.0" 可以將本地 API 服務暴露給其他裝置存取
    uvicorn.run(app, host="localhost", port=8000)
```

在終端中執行 python3 serve.py 命令或在 VS Code 中執行 serve.py。

```
INFO:     Started server process [40666]
INFO:     Waiting for application startup.

LANGSERVE: Playground for chain "/writer/" is live at:
LANGSERVE:    |
LANGSERVE:    └──> /writer/playground/
LANGSERVE:
LANGSERVE: See all available routes at /docs/

INFO:     Application startup complete.
INFO:     Uvicorn running on <http://localhost:8000> (Press CTRL+C to quit)
```

透過命令列 HTTP 請求工具 cURL 可以對已部署的 API 進行簡單測試。

```
curl --request 'POST' '<http://localhost:8000/writer/invoke>' \\
  --header 'Content-Type: application/json' \\
  --data-raw '{
    "input": {
      "input": " 給大家推薦一本新書《LangChain 實戰》，讓我們一起開始學習 LangChain
吧！"
    }
  }'
```

　　而從輸出的資訊可知，除呼叫鏈被部署至名為 writer 的 API 路徑外，
LangServe 還為我們提供了一個簡單的偵錯台和一個可互動 API 文件。

　　開發者使用偵錯台能夠方便地測試輸入和輸出，並且觀察呼叫鏈執行的中間結果，這對複雜的自訂 Chain 和 Agent 而言是非常有用的，如圖 8-11 所示。偵錯台的存取路徑為 http://localhost:8000/writer/playground/。

▲ 圖 8-11 LangServe 提供的偵錯台

　　可互動 API 文件符合 OpenAPI 標準，詳細列出了所有可請求介面及其對資料型態的要求，並且可以在此頁面直接模擬請求，如圖 8-12 所示。可互動 API 文件的存取路徑為 http://localhost:8000/docs/。

▲ 圖 8-12 LangServe 提供的可互動 API 文件

8.2.2　原理詳解

LangServe 框架如圖 8-13 所示。

與第 3 章中角色扮演寫作場景的原有程式相比，serve.py 中新增的程式大致可以分為兩部分，下面結合這兩部分程式及 LangServe 框架對其工作原理進行解釋。

1 · 底層為 FastAPI應用

```
from fastapi import FastAPI
app = FastAPI(...)
...
if __name__ == "__main__":
    import uvicorn
    uvicorn.run(app, host="localhost", port=8000)
```

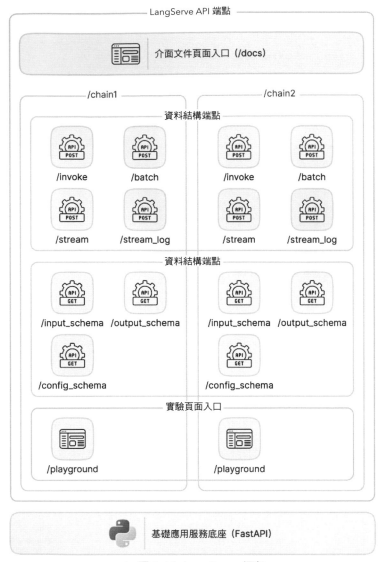

▲ 圖 8-13 LangServe 框架

　　FastAPI 是一個使用 Python 撰寫的現代化 Web 框架,近年來被廣泛用於建構 API 及 Web 應用。因為底層基於 Starlette——輕量的 ASGI(非同步閘道服務介面)框架,並且使用 Pydantic——高效並可擴充的資料驗證工具,原生提供對 async 和 await 非同步程式設計邏輯的支援,所以 FastAPI 能同時回應大量併發請求，性能十分優良。FastAPI 具有對開發者非常友善的類型提示，自動建立文件也使建構和測試 API 變得更加容易。

　　整體來說，FastAPI 適用於需要高性能和程式簡潔的 API 開發，尤其適合建構現代 Web 應用和微服務。

　　對 LangChain 應用而言，基於 FastAPI 來部署 invoke 和 stream 等 API 介面，既可以將 Web 服務（即 LangServe）與 LangChain 業務邏輯解耦，也可以與現存 Web 應用整合，比如與已有的使用者鑑權、資料讀寫等系統並存，保證後續的可拓展性。

2・將 Runnable 鏈增加到 API

```
from langserve import add_routes
add_routes(app, chain, path="/writer")
```

　　add_routes 方法會為呼叫鏈 chain 增加名為 writer 的 API 路徑，在此路徑下增加 4 個 POST 端點。

　　（1）POST /writer/invoke：針對單一輸入呼叫 Runnable 鏈。

　　（2）POST /writer/batch：針對多個輸入批次呼叫 Runnable 鏈。

　　（3）POST /writer/stream：針對單一輸入呼叫 Runnable 鏈，以流式輸出。

　　（4）POST /writer/stream_log：針對單一輸入呼叫 Runnable 鏈，以流式輸出，包括中間過程。

　　或許你已經發現，這些端點與 LCEL 語法解析時講到的 Runnable 物件標準介面具有極高的相似度。沒錯，LangServe 提供的 add_routes 方法，本質上在做的事情就是將 Runnable 物件原本僅存在於 LangChain 中的 invoke、stream 等 API 介面轉為 FastAPI 應用中的 API 端點，從而實現部署的效果。

　　值得強調的是，stream 端點提供的流式傳輸能力，對提升應用的使用者體驗極為關鍵。因為大型語言模型在生成時，所需時間與其生成的文字量密切相關，使用者往往需要等待一段時間才能得到完整的回覆。這種回應延遲在具體應用中是十分糟糕的，對包含多次大型語言模型呼叫的複雜 Runnable 鏈來說更加不可接受。流式傳輸可以在大型語言模型步進式生成每一個詞元的同時便將其傳回，大大降低了使用者可感知的回應延遲，並且能提供近似對話的體驗，是開發者在多數場景中應優先選擇的傳輸方式。

3．資料型態驗證

除了執行 Runnable 鏈的 POST 端點，LangServe 還提供了與資料型態驗證相關的 GET 端點。

（1）GET /writer/input_schema：Runnable 鏈的輸入資料型態。

（2）GET /writer/output_schema：Runnable 鏈的輸出資料型態。

（3）GET /writer/config_schema：Runnable 鏈中定義的可設定項的資料型態。

input_schema、output_schema、config_schema 三個屬性，對應於輸入、輸出及設定所要求的資料型態。對包括範例 writer 在內的絕大多數 Runnable 鏈來說，輸入和輸出均預設為字串格式，設定項則預設為空，因此無須顯式定義。

這三個端點與 LangServe 提供的 API 文件搭配，為前述用於執行 Runnable 鏈的 API 介面賦予了一定的自解釋能力，開發者呼叫前可以透過對應端點或文件了解介面在輸入、輸出及設定時所要求的資料型態，API 介面也會在呼叫時進行資料型態驗證。這既有助維護 API 介面的獨立和完整，也為複雜應用程式開發時的前後端解耦提供了便利。

8.3　Templates & CLI：從範本和腳手架快速啟動

8.3.1 LangChain Templates

為了方便開發者更快更進一步地建構和部署不同類型的 LangChain 應用，

LangChain 團隊與部分合作夥伴一起推出了 LangChain Templates。

　　LangChain Templates 提供了一批適用於不同場景、開箱即用的範本，這些範本具有統一的結構，可以借助 LangServe 快速部署，也可以和 LangSmith 無縫對接。既不失 LangChain 原有的靈活性，又幫助開發者避免從零開始，能顯著減少程式重複。此外，官方範本集在對話機器人、文件問答、Agent 等場景都提供了從基礎到高階的參考範例，以及針對不同開放原始碼模型、資料庫的元件替換技巧。

　　基於 LangChain Templates，開發者只需要選擇合適的範本，下載並匯入初始化專案，結合具體需求完成修改，就可以一鍵部署。而串聯這些步驟的，就是 LangChain CLI 命令列工具。

8.3.2　LangChain CLI 命令列工具

　　安裝 LangChain CLI 命令列工具。

```
pip install -U langchain-cli
```

　　安裝完成後，可以透過「langchain --help」命令查看 LangChain CLI 的說明資訊。

```
Usage: langchain [OPTIONS] COMMAND [ARGS]...

╭─ Options
─────────────────────────────────────────────╮
│ --version  -v      Print the current CLI version.     │
│ --help             Show this message and exit.        │
╰─────────────────────────────────────────────╯
╭─ Commands
─────────────────────────────────────────────╮
│ app    Manage LangChain apps                          │
│ serve  Start the LangServe app, whether it's a template or an app.│
│ template         Develop installable templates.       │
╰─────────────────────────────────────────────╯
```

可見，LangChain 主要有 app、serve、template 三個子命令，分別用於管理 LangChain 應用、部署範本或應用、開發應用範本。子命令的說明資訊同樣可以透過 --help 選項進行查看，在此不做贅述。

使用「langchain app new」命令新建一個名為 myapp 的 LangChain 應用，當被問及是否增加套件時可以暫時留空。

```
> langchain app new myapp
What package would you like to add? (leave blank to skip):
```

使用「langchain app add」命令增加範本，可以選擇官方範本或本書提供的範本範例，當被問及是否以可編輯模式安裝（pip install -e）範本時，推薦選擇是（y），這樣可以方便後續修改範本。

```
> cd myapp
> langchain app add git+https://github.com/webup/langchain-in-action.
git#subdirectory=eco-tools/template
Would you like to `pip install -e` the template(s)? [y/n]: y

...

To use this template, add the following to your app:

'''
from template import chain as template_chain

add_routes(app, template_chain, path="/template")
'''
```

安裝完成後，我們會得到以下檔案目錄。

```
myapp
├── Dockerfile
├── README.md
├── app                          # LangServe 應用目錄
│   ├── __init__.py
│   └── server.py                # LangServe 應用主文件
├── packages                     # LangChain 應用套件目錄
```

```
|     ├── README.md
|     └── template                      # 範本應用目錄，可以有多個
|           ├── README.md
|           ├── pyproject.toml          # 範本應用資訊、依賴項等
|           ├── template
|           |     ├── __init__.py
|           |     └── chain.py          # 範本應用主文件
|           └── tests
|                 └── __init__.py
└── pyproject.toml
```

按照前一步的提示，將以下程式增加到 app/server.py 中，替換其中原有的 add_routes 部分。

```
from template import chain as template_chain

add_routes(app, template_chain, path="/template")
```

這樣，範本就增加到 myapp 應用中了，使用「langchain serve」命令執行 myapp 應用，得到熟悉的 LangServe 輸出資訊。

```
INFO:     Uvicorn running on http://127.0.0.1:8000 (Press CTRL+C to quit)
INFO:     Started reloader process [4305] using StatReload
INFO:     Started server process [4309]
INFO:     Waiting for application startup.

LANGSERVE: Playground for chain "/template/" is live at:
LANGSERVE:  |
LANGSERVE:  └──> /template/playground/
LANGSERVE:
LANGSERVE: See all available routes at /docs/

INFO:     Application startup complete.
```

造訪 http://localhost:8000/template/playground/ 即可打開偵錯台，對剛剛增加的範本應用進行測試。同時，包括 invoke、batch、stream 在內的 API 端點及文件也已部署，參考前文 LangServe 對應的內容。

8.3.3 最佳化升級

至此，我們已經使用 LangChain CLI 部署了一個範本應用。接下來可嘗試從以下幾個方向對現有應用進行最佳化升級。

（1）結合具體的應用需求，對範本中的 Chain（即 packages/template/ template/ chain.py）進行自訂修改。

（2）使用「langchain app add」命令繼續增加範本應用，記得同步修改 LangServe 應用（app/server.py）以將新增範本部署至 API。

（3）探索「langchain template」命令，製作自己的 LangChain 範本供他人使用。

9

第9章
我們的「大世界」

大型語言模型的快速進步為我們帶來了巨大的機遇。如何更進一步地利用其強大的能力，成為我們需要深入思考的問題。在本書的最後，讓我們聊一聊大型語言模型應用程式開發領域的兩個熱點話題。

首先是開發框架。針對大型語言模型應用程式開發的需求，目前已經湧現出多種開放原始碼框架，這為我們提供了充足的工具，但也需要我們基於應用場景進行適當的技術選型。

舉例來說，如果需要建構高度訂製化和元件化的複雜系統，我們可以考慮採用 LangChain。它提供了模組化的元件和鏈式呼叫以滿足高靈活性的需求。而如果應用的核心功能在於巨量資料的快速查詢和處理，則 LlamaIndex 將是一個不錯的選擇。LlamaIndex 具備資料連接器、自然語言查詢介面等特性，可以支援大規模的資料搜尋。如果場景需要不同角色代理的協作，則 AutoGen 的多角色設計將發揮巨大作用。AutoGen 支援自訂代理的互動行為，可以助力需要協作的特定複雜任務。

與此同時，我們也需要關注提示工程的進步。提示詞的設計和最佳化，將有助進一步釋放大型語言模型的應用潛力。我們既可以利用大型語言模型的自學習能力，也可以透過人工設計引導其產生理想輸出。

最後，我們一起看看通用人工智慧領域當前的熱點——「智慧體」，即在發展其認知架構的過程中，關於開放原始碼和閉源的路徑選擇問題。我們將以 LangChain 與 OpenAI 為代表分析認知架構設計的開放原始碼和閉源兩個不同路徑的發展想法，展望這個領域的廣闊前景。

綜合來看，大型語言模型必將深刻改變我們的工作與生活。讓我們以開放和負責任的心態，共同打造一個人與智慧和諧發展的美好新世界。

9.1 大型語言模型應用程式開發框架的「你我他」

隨著大型語言模型的快速發展，基於這些模型來建構各類智慧應用的需求與日俱增。為了幫助開發者更好更快地開發大型語言模型應用，多個開放原始碼的應用程式開發框架應運而生。其中，LangChain、LlamaIndex 和 AutoGen 是目前非常有名和活躍的三大框架。所以我們也借此機會和大家一起了解、分析和比較一下這三大框架。

9.1.1 三大框架的簡介

三大框架的簡介如表 9-1 所示。

▼ 表 9-1 三大框架的簡介

框架名稱	官方程式倉庫	支援語言	GitHub 星數	GitHub 首個版本
LangChain	在 GitHub 中搜尋「langchain-ai」	Python,JS/TS	約 9 萬	2023 年 1 月
LlamaIndex	在 GitHub 中搜尋「run-llama」	Python，TS	約 3 萬	2023 年 1 月
AutoGen	在 GitHub 中搜尋「microsoft/ autogen」	Python	約 2.2 萬	2023 年 9 月

LangChain 是一個通用的大型語言模型應用程式開發框架，提供了模組化的元件和鏈式呼叫機制，可以快速建構各類基於大型語言模型的智慧系統。使用 LangChain 開發的應用既可以部署到伺服器，也可以整合到 Web 互動介面中，非常靈活。LangChain 擁有強大的社區支撐和豐富的官方文件，是目前使用非常廣泛的大型語言模型應用程式開發框架之一。

LlamaIndex 是一個輕量級的資料框架，使用簡單，但功能強大。它專注於為大型語言模型應用提供結構化資料的支援，可以高效率地對各類資料進行提取、轉換和載入。LlamaIndex 支援多種資料來源，還提供了方便的 API 來查詢資料和獲得大型語言模型的輸出，也是目前使用非常廣泛的大型語言模型應用程式開發框架之一。

AutoGen 是一個多代理協作的大型語言模型應用程式開發框架。它支援開發者自訂多個代理，這些代理可以相互交流來解決複雜的問題。AutoGen 非常適合需要不同角色協作的應用場景，例如教學系統、智慧幫手等。AutoGen 提供了靈活控制流程與訂製代理行為的能力，與前兩個框架相比，它在普及度方面還不是很高。

9.1.2 三大框架的特性

首先我們來回顧一下 LangChain 的功能特性。簡單地說，LangChain 提供了一系列元件和鏈式呼叫，它的一些關鍵特徵如下。

（1）元件：LangChain 提供了一系列抽象的元件，用於不同的大型語言模型任務。舉例來說，為各種大型語言模型提供標準化的介面，可以輕鬆載入大型語言模型並與之互動。這加快了應用程式開發的處理程序。

（2）鏈式呼叫：LangChain 透過 LCEL 支援將元件組合成鏈式呼叫，可以建構複雜的應用流程。開發者可以根據需求自訂呼叫鏈。

（3）代理：LangChain 可以透過大型語言模型建構代理，決定在不同情況下執行什麼操作，並且結合工具集的生態充分擴充代理的能力邊界。

（4）記憶：LangChain 支援短期記憶和長期記憶，這對一些應用如對話機器人來說很關鍵。

（5）整合：LangChain 為其各類元件定義了各自標準化的介面，讓第三方開發者可以擴充並整合自定義元件。

LlamaIndex 專注於索引查詢，以其檢索效率和查詢路由能力而聞名。LlamaIndex 的一些主要特徵如下。

（1）資料連接器：LlamaIndex 支援從各種來源匯入資料，例如資料庫、API、PDF 等。

（2）索引：LlamaIndex 會根據輸入資料建構索引，用於回應與資料相關的查詢。同時可以將多個索引組合成一個索引。

（3）查詢：LlamaIndex 支援自然語言查詢，基於索引從資料中檢索資訊。

（4）LlamaHub：這是 LlamaIndex 的重要功能，提供了大量的資料來源，用於匯入各種類型的資料。

AutoGen 最大的特點在於它可以定義多個代理，這些代理可以相互交流以完成任務。AutoGen 的一些核心功能和特性如下。

（1）自訂代理：AutoGen 支援透過自然語言和程式定義代理的互動行為，使其具備自訂性。

（2）混合能力代理：AutoGen 的代理可以融合大型語言模型、使用者輸入和外部工具，以發揮各自的優勢。

（3）複雜的對話流程：AutoGen 可以進行自動化階段，支援不同的交流模式，易於組織複雜的對話流程。

9.1.3 三大框架的對比

三大框架的對比如表 9-2 所示。

▼ 表 9-2 三大框架的對比

對比點	LangChain	LlamaIndex	AutoGen
範圍廣泛性	高：通用框架	中：專注資料處理	中：專注任務協作
靈活性	高：高度可訂製	中：使用簡單	中：代理可訂製
效率	中：通用解決方案	高：最佳化資料處理	中：視任務情況而定
好用性	中：需要了解元件	高：簡單易上手	中：視任務複雜度而定
記憶能力	強：內建記憶功能	強：內建記憶功能	中：短期記憶為主
多工具整合	強：內建各種整合	中：主要自身使用	中：可引入外部工具
社區支援	高：活躍社區	高：活躍社區	中：小眾但活躍

LangChain 作為一個通用的大型語言模型應用程式開發框架，擁有高度的靈活性和比較廣泛的適用範圍，它更加強調自訂能力和整合其他工具的能力。

LlamaIndex 更專注於為大型語言模型提供結構化資料支援，使用簡單，但訂製性較弱。它在處理巨量資料方面具有很高的效率。

AutoGen 的特色在於透過多個代理的協作來解決複雜問題，但是目前綜合能力處於發展階段，且執行多個代理的成本較高。

綜合來看，LangChain 適用於建構對靈活性和訂製化要求較高的複雜的大型語言模型應用；LlamaIndex 適用於建構資料量較大且需要高效查詢的智慧搜尋系統；AutoGen 適用於需要協作多個角色完成任務的特定場景。

作為開發者，我們可以根據自己的實際需求選擇使用以上框架中的或多個。理解每個框架的優勢和局限性，並且多加以實踐，這樣才能做出更適合自身應用場景的技術選型。

9.2　從 LangChain Hub 看提示詞的豐富應用場景

隨著大型語言模型能力的不斷提升，提示工程的重要性也日益凸顯。目前開放原始碼社區中已經出現了各類提示詞庫和提示技術指南，以幫助使用者更進一步地駕馭大型語言模型的強大能力。提示工程的目標是讓大型語言模型以期望的方式回答詢問，而非單純依靠預訓練參數。

目前提示工程主要聚焦兩個方面，一是利用大型語言模型本身的能力進行自學習最佳化，二是人工設計更好的提示詞序列。大型語言模型本身可以完成一定的提示詞最佳化，例如基於樣本的提示詞生成技術，可以讓大型語言模型學習到更好的提示詞表達。此外，逐步推理、思維鏈等技術也可增強大型語言模型的思維能力。人工設計提示詞序列可以讓大型語言模型聚焦需要解決的問題，減少無關輸出。各類場景化的提示詞的出現，都展現了這種設計想法。

LangChain Hub 是 LangSmith 平臺的一部分，這是一個用於管理和共用大型語言模型提示詞的線上平臺。作為 LangChain 生態系統中的重要組成部分，LangChain Hub 使研究人員、開發者及組織可以更便捷地發現、編輯提示詞，這對促進大型語言模型的發展大有裨益。LangChain Hub 的目標是成為大型語言模型提示詞的首選中心，集中展示社區貢獻的各類提示詞。鑑於提示詞的設計日益成為大型語言模型應用的關鍵，LangChain Hub 可以加速知識共用和傳播。使用者可以瀏覽提示詞，查看相關中繼資料，並且可以即時在 LangSmith 平臺的 Playground 中偵錯提示詞。LangSmith 平臺還允許上傳和下載提示，支援版本控制。透過簡單的 Python 或 JS/TS SDK 介面，開發者可以將自己的提示詞推送到 LangChain Hub，也可以拉取其他提示詞並直接使用。這大大簡化了提示詞的管理。為支援組織內協作，LangChain Hub 也計畫增加團隊組織等功能。

LangChain Hub 自推出以來也累積了豐富的提示詞，大致可以被分為十類，下面我們就一起提綱挈領地看一下，並且挑選一些優秀的提示詞進行特點分析。

9.2.1 場景寫作

隨著提示工程的普及，製作多樣化內容的提示詞也不斷增多，例如可以生成 SaaS 平臺註冊歡迎郵件、特定受眾製作簡潔有效導向的推文、使用給定播客的文字指令稿撰寫一筆吸引目光的推文等。

下面我們來看一個具體的提示詞範例，它可以根據提供的上下文建立結構良好的部落格文章。

```
Create a well-structured blog post from the provided Context.
The blog post should should effectively capture the key points, insights,
and information from the Context.
Focus on maintaining a coherent flow and using proper grammar and language.
Incorporate relevant headings, subheadings, and bullet points to organize
the content.
Ensure that the tone of the blog post is engaging and informative, catering
to {target_audience} audience.
```

```
    Feel free to enhance the transcript by adding additional context, examples,
and explanations where necessary.
    The goal is to convert context into a polished and valuable written resource
while maintaining accuracy and coherence.
```

這個提示詞提供了很好的指導，告訴大型語言模型應該如何組織部落格文章的結構，提煉出上下文中最相關的關鍵點、見解和資訊。這使大型語言模型可以靈活地總結和分析最重要的內容。在這個提示詞中，大型語言模型聚焦於邏輯清晰的語法和組織結構，使用標題和串列格式等，這可以使文章更加易讀和條理清晰。指定目標受眾也有助大型語言模型調整語氣。

另外，隨著大型語言模型的不斷成熟，綁定特定大型語言模型的通用寫作提示詞也在不斷湧現。以下是一個基於 GPT-4 模型的寫作幫手的例子。

```
    Given some text, make it clearer.

    Do not rewrite it entirely. Just make it clearer and more readable.

    Take care to emulate the original text's tone, style, and meaning.

    Approach it like an editor — not a rewriter.

    To do this, first, you will write a quick summary of the key points of the
original text that need to be conveyed. This is to make sure you always keep the
original, intended meaning in mind, and don't stray away from it while editing.

    Then, you will write a new draft. Next, you will evaluate the draft, and reflect
on how it can be improved.

    Then, write another draft, and do the same reflection process.

    Then, do this one more time.

    After writing the three drafts, with all of the revisions so far in mind,
write your final, best draft.

    Do so in this format:
    ===
```

```
# Meaning
{meaning_bulleted_summary}

# Round 1
    ## Draft
        ``$draft_1``
    ## Reflection
        ``$reflection_1``

# Round 2
    ## Draft
        ``$draft_2``
    ## Reflection
        ``$reflection_2``

# Round 3
    ## Draft
        ``$draft_3``
    ## Reflection
        ``$reflection_3``

# Final Draft
    ``$final_draft``
===

To improve your text, you'll need to go through three rounds of writing and
reflection. For each round, write a draft, evaluate it, and then reflect on how it
could be improved. Once you've done this three times, you'll have your final, best
draft.
```

這是一個非常明智和有效的提示詞，它有幾個優點。

（1）提供清晰的步驟：分為「意義」摘要、3 輪迭代和最終草稿，每輪迭代都有寫作和反思，為文字最佳化提供了清晰流程。

（2）保留原意：強調不要完全重寫，而要保留原文本的語氣、風格和意義，像編輯一樣對待文字。這確保了不會偏離原意。

（3）促進深度反思：每輪反思都需要評價剛寫的草稿，考慮如何改進。

（4）最終整理：3 輪迭代後，考慮所有修改，寫出最終最好的草稿。這融合了所有進步。

整體而言，這是一個富有洞察力的提示詞，可以進行文字最佳化，而不會偏離原意。它的流程清晰，輸出靈活，確保了語義的連貫性。

9.2.2 資訊總結

資訊總結是 LLM 的強大用例，例如 Anthropic Claude 2，它可以對超過 70 頁的內容進行直接總結；Chain of Density（CoD）[1] 提供了一種補充方法，從而產生密集且人性化的更好的摘要。此外，摘要可以應用於多種內容類別型，例如聊天對話或特定於領域的資料（如財務表摘要）。

下面我們來看一個對給定文章（多次迴圈）生成越來越簡潔、實體密集的摘要的提示詞範例。

```
Article: {ARTICLE}
You will generate increasingly concise, entity-dense summaries of the above
article.

Repeat the following 2 steps 5 times.

Step 1. Identify 1-3 informative entities (";" delimited) from the article
which are missing from the previously generated summary.
Step 2. Write a new, denser summary of identical length which covers every
entity and detail from the previous summary plus the missing entities.

A missing entity is:
- relevant to the main story,
- specific yet concise (5 words or fewer),
- novel (not in the previous summary),
- faithful (present in the article),
- anywhere (can be located anywhere in the article).
```

1　Adams, G., Fabbri, A., Ladhak, F., Lehman, E., and Elhadad, N., From Sparse to Dense: GPT-4 Summarization with Chain of Density Prompting, arXiv e-prints, 2023. doi:10.48550/arXiv. 2309.04269.

```
Guidelines:
- The first summary should be long (4-5 sentences, ~80 words) yet highly
non-specific, containing little information beyond the entities marked as missing.
Use overly verbose language and fillers (e.g., "this article discusses") to reach
~80 words.
- Make every word count: rewrite the previous summary to improve flow and make
space for additional entities.
- Make space with fusion, compression, and removal of uninformative phrases
like "the article discusses".
- The summaries should become highly dense and concise yet self-contained,
i.e., easily understood without the article.
- Missing entities can appear anywhere in the new summary.
- Never drop entities from the previous summary. If space cannot be made,
add fewer new entities.

Remember, use the exact same number of words for each summary.
Answer in JSON. The JSON should be a list (length 5) of dictionaries whose keys
are "Missing_Entities" and "Denser_Summary".
```

利用資訊密度鏈的方法逐步提煉文章的關鍵點。

（1）清晰的步驟：分為辨識缺失實體和書寫更加密集的摘要兩大步驟，重複 5 次，流程清晰。

（2）保證連貫性：每輪生成的摘要的長度保持相同，不能刪除之前的實體，保證了摘要的連貫性。

（3）提高密度：透過壓縮、融合等手段，在保證可讀性的前提下，最大限度地增加每個詞的資訊量，逐步提高摘要的密度。

（4）強調具體：缺失的實體需要具體且精簡，這確保摘要注重重點。

（5）保真性：缺失的實體必須存在於原文中，不能臆造，保證了摘要的真實性。

（6）自包含性：最終的摘要應該無須原文就可以自包含理解。

9.2.3 資訊提取

大型語言模型可以是提取特定格式文字的強大工具，目前比較有代表性的是 OpenAI 的 Function Calling 功能，LangChain Hub 中也有不少針對特定提取任務設計的提示詞，例如進行知識圖譜三元組的提取。

> You are a networked intelligence helping a human track knowledge triples about all relevant people, things, concepts, etc. and integrating them with your knowledge stored within your weights as well as that stored in a knowledge graph. Extract all of the knowledge triples from the last line of conversation. A knowledge triple is a clause that contains a subject, a predicate, and an object. The subject is the entity being described, the predicate is the property of the subject that is being described, and the object is the value of the property.
>
> EXAMPLE
> Conversation history:
> Person #1: Did you hear aliens landed in Area 51?
> AI: No, I didn't hear that. What do you know about Area 51?
> Person #1: It's a secret military base in Nevada.
> AI: What do you know about Nevada?
> Last line of conversation:
> Person #1: It's a state in the US. It's also the number 1 producer of gold in the US.
>
> Output: (Nevada, is a, state)<|>(Nevada, is in, US)<|>(Nevada, is the number 1 producer of, gold)
> END OF EXAMPLE
>
> EXAMPLE
> Conversation history:
> Person #1: Hello.
> AI: Hi! How are you?
> Person #1: I'm good. How are you?
> AI: I'm good too.
> Last line of conversation:
> Person #1: I'm going to the store.
>
> Output: NONE
> END OF EXAMPLE

```
EXAMPLE
Conversation history:
Person #1: What do you know about Descartes?
AI: Descartes was a French philosopher, mathematician, and scientist who lived
in the 17th century.
Person #1: The Descartes I'm referring to is a standup comedian and interior
designer from Montreal.
AI: Oh yes, He is a comedian and an interior designer. He has been in the
industry for 30 years. His favorite food is baked bean pie.
Last line of conversation:
Person #1: Oh huh. I know Descartes likes to drive antique scooters and play
the mandolin.
Output: (Descartes, likes to drive, antique scooters)<|> (Descartes, plays,
mandolin)
END OF EXAMPLE

Conversation history (for reference only):
{history}
Last line of conversation (for extraction):
Human: {input}

Output:
```

這是一個設計得非常巧妙、目的清晰的三元組提取提示詞，可以用於增量、動態建構知識圖譜。

（1）清晰定義了知識三元組的格式，包括主體、關係和客體，十分明確。

（2）舉了多個例子，覆蓋了不同的情況，如有三元組、無三元組、關於不同實體的三元組提取。

（3）利用對話歷史上下文，從最後一句中提取三元組，確保了相關性。

（4）要求將提取結果以特定格式組織，可以直接用於知識圖譜的建構。

（5）提示詞符合知識圖譜增量建構的要求，即不斷從新資訊中提取三元組並整合。

9.2.4 程式分析和評審

程式分析是非常流行的大型語言模型用例之一，LangChain Hub 中也有不少提示詞是在這方面起作用的，例如驅動 Open Interpreter 透過執行程式完成使用者提出的各種目標，例如對 GitHub 程式倉庫中的 Pull Request 進行程式評審。

```
You are an AI Assistant that's an expert at reviewing pull requests. Review the
below pull request that you receive.

Input format
- The input format follows Github diff format with addition and subtraction
of code.
- The + sign means that code has been added.
- The - sign means that code has been removed.

Instructions
- Take into account that you don't have access to the full code but only
the code diff.
- Only answer on what can be improved and provide the improvement in code.
- Answer in short form.
- Include code snippets if necessary.
- Adhere to the languages code conventions.
- Make it personal and always show gratitude to the author using "@"
when tagging.
```

這是一個非常實用和貼合實際的評審提示詞。它的輸入和輸出的格式清晰，要求考慮現實限制，回答符合社區規範，可以產生高品質、具體可行的 PR 評審意見。它的特點如下。

（1）定義了明確的輸入格式，採用 GithHub Diff 格式顯示程式增加和刪除的部分，便於直接處理。

（2）考慮到無法存取完整程式的限制，只針對差分的程式舉出改進意見，更加現實。

（3）要求回答簡明扼要，在必要時才包含程式部分。

（4）要求遵守程式約定，確保建議可實際執行。

（5）要求在使用 @ 標籤回覆時展示其個性化並表達感謝，表現友善合作的社區文化。

9.2.5　提示最佳化

Deepmind 的論文[1]指出：LLM 可以最佳化提示。我們來看一個具體範例，下面這段提示詞可以特定受眾導向的寫作來對提示詞進行最佳化。

```
Your goal is to improve the prompt given below for {task} :

Prompt: {lazy_prompt}

Here are several tips on writing great prompts:
Start the prompt by stating that it is an expert in the subject.
Put instructions at the beginning of the prompt and use ### or to separate the
instruction and context
Be specific, descriptive and as detailed as possible about the desired context,
outcome, length, format, style, etc

Here's an example of a great prompt:

As a master YouTube content creator, develop an engaging script that revolves
around the theme of "Exploring Ancient Ruins."
Your script should encompass exciting discoveries, historical insights, and a
sense of adventure.
Include a mix of on-screen narration, engaging visuals, and possibly
interactions with co-hosts or experts.

The script should ideally result in a video of around 10-15 minutes, providing
viewers with a captivating journey through the secrets of the past.

Example:
"Welcome back, fellow history enthusiasts, to our channel! Today, we embark on
a thrilling expedition..."
```

1　Yang, C., Large Language Models as Optimizers, arXiv e-prints, 2023. doi:10.48550/arXiv. 2309.03409.

```
Now, improve the prompt.
```

這是一個結構完整、目的清晰的提示詞最佳化提示詞。它透過明確輸入和輸出，提供實例指導，促進大型語言模型學習提示詞最佳化的技能，從而得到更好的提示詞。它的優點如下。

（1）明確定義了最佳化目標：改進某一具體任務的提示詞。

（2）提供了詳盡的提示詞最佳化建議，比如明確角色、增加清晰指令、具體描述等。

（3）舉出了一個完美提示詞的實例，易於大型語言模型理解並模仿。

9.2.6 RAG

RAG 是現在非常流行的大型語言模型應用場景，它將大型語言模型的推理能力與外部資料來源的內容結合起來，這對私域資料來說尤其強大。我們來看一個典型的 RAG 鏈可以使用的提示詞。

```
You are an assistant for question-answering tasks. Use the following pieces of
retrieved context to answer the question. If you don't know the answer, just say
that you don't know. Use three sentences maximum and keep the answer concise.
Question: {question}
Context: {context}
Answer:
```

這個提示詞雖然簡短，但包含了問答所需要的全部要素，角色、輸入 / 輸出格式定義恰當，既簡單明了又兼顧完整性。尤其是對輸出長度和形式的限制，避免了冗長無焦點的回答。允許不知道答案的情況，增加了友善性。這種高度概括和約束使其可以快速生產出高品質的問答。

9.2.7 自然語言 SQL 查詢

由於企業資料通常從 SQL 資料庫中獲取，因此使用大型語言模型作為 SQL 查詢的自然語言互動入口是一個合理的應用場景。目前已經有一些論文[1]指出：給定資料表的一些特定資訊，大型語言模型可以生成 SQL，包括每個 CREATE TABLE 描述、SELECT 敘述的 3 個範例行。

下面我們來看一個透過自然語言執行 SQL 查詢的提示詞範例。

```
Given an input question, first create a syntactically correct {dialect} query
to run, then look at the results of the query and return the answer.
Use the following format:

Question: "Question here"
SQLQuery: "SQL Query to run"
SQLResult: "Result of the SQLQuery"
Answer: "Final answer here"

Only use the following tables:

{table_info}.

Some examples of SQL queries that corrsespond to questions are:

{few_shot_examples}

Question: {input}
```

少量範例和問題輸入的組合可以讓大型語言模型快速掌握文字到 SQL 的映射，生成高品質的查詢敘述和答案，這個提示詞的可取之處如下。

（1）清晰地定義了任務目標——輸入問題，輸出 SQL 查詢和答案。

（2）規定了完整的輸入和輸出格式，包括問題、SQL 查詢敘述、SQL 結果

---

1 Rajkumar, N., Li, R., and Bahdanau, D., Evaluating the Text-to-SQL Capabilities of Large Language Models, arXiv e-prints, 2022. doi:10.48550/arXiv.2204.00498.

和最終答案，保證了完整性。

（3）指定了可以使用的表格資訊，避免使用外部資訊。

（4）提供了少量範例，幫助大型語言模型理解輸入和輸出格式。

9.2.8 評價評分

把大型語言模型用作評分器是一個很有趣的想法，其核心思想是利用大型語言模型評判響應結果與標準答案的匹配度。事實上，包括 OpenAI Cookbook，以及 LangChain、LlamaIndex 等都展示過這種使用大型語言模型來評分的技巧。

LangSmith 的評價系統也做了很多類似的測試和評估功能探索。以下這個提示詞可以根據自訂標準對大型語言模型或現有的 LangSmith 執行 / 資料集進行評分。

```
You are now a evaluator for {topic}.

# Task
Your task is to give a score from 1-100 how fitting modelOutput was given the
modelInput for {topic}

# Input Data Format
You will receive a modelInput and a modelOutput. The modelInput is the
input that was given to the model. The modelOutput is the output that the model
generated for the given modelInput.

# Score Format Instructions
The score format is a number from 1-100. 1 is the worst score and 100 is the
best score.

# Score Criteria
You will be given criteria by which the score is influenced. Always follow those
instructions to determine the score.
{criteria}

# Examples
{examples}
```

　　這個用於給大型語言模型輸出品質評分的提示詞設計了一個非常清晰且易操作的框架。

　　（1）定義明確的評分者角色和任務目標。

　　（2）規範輸入和輸出格式，包括模型輸入、模型輸出和期望的分數。

　　（3）評分標準範圍清晰，為 1 到 100 分。

　　（4）提供明確的評分影響因素和標準，限定了評分角度。

　　（5）用範例說明輸入、輸出和評分標準，易於理解。

　　（6）在評分時嚴格遵循舉出的影響因素，保證一致性。

　　這種高度結構化的設計使評分者可以快速判斷分數，而不需要自己提出或選擇評判標準，極大地降低了評分難度。提示詞本身也易於重複使用，適用於自動評估不同大型語言模型的效果。

9.2.9　合成資料生成

　　微調是引導大型語言模型行為的主要方法之一，但是收集用於微調的訓練資料是一個挑戰，所以一個有趣的想法是使用大型語言模型來生成微調訓練所需要的合成資料集。例如我們來看一個使用 OpenAI 訓練資料生成的提示詞。

```
Utilize Natural Language Processing techniques and Generative AI to create new
Question/Answer pair textual training data for OpenAI LLMs by drawing inspiration
from the given seed content: {SEED_CONTENT}

Here are the steps to follow:

1. Examine the provided seed content to identify significant and important
topics, entities, relationships, and themes. You should use each important topic,
entity, relationship, and theme you recognize. You can employ methods such as
named entity recognition, content summarization, keyword/keyphrase extraction, and
semantic analysis to comprehend the content deeply.
```

2. Based on the analysis conducted in the first step, employ a generative language model to generate fresh, new synthetic text samples. These samples should cover the same topic, entities, relationships, and themes present in the seed data. Aim to generate {NUMBER} high-quality variations that accurately explore different Question and Answer possibilities within the data space.

3. Ensure that the generated synthetic samples exhibit language diversity. Vary elements like wording, sentence structure, tone, and complexity while retaining the core concepts. The objective is to produce diverse, representative data rather than repetitive instances.

4. Format and deliver the generated synthetic samples in a structured Pandas Dataframe suitable for training and machine learning purposes.

5. The desired output length is roughly equivalent to the length of the seed content.

Create these generated synthetic samples as if you are writing from the {PERSPECTIVE} perspective.

Only output the resulting dataframe in the format of this example: {EXAMPLE}

Do not include any commentary or extraneous casualties.

　　這種分步驟的流程化設計，配合對生成品質、風格和格式的明確要求，可以有效指導高品質合成資料的產出。這段提示詞的有以下值得學習的地方。

　　（1）步驟清晰：分為 4 個明確的步驟，依次進行主題分析、文字生成、品質控制和格式化輸出。

　　（2）注重品質：強調生成樣本的品質要高、具有代表性，從多個方面確保品質。

　　（3）語言風格多樣：要求在保持核心概念一致的前提下，語言表達要多樣化。

　　（4）結構化輸出：使用 Pandas DataFrame 格式化結果，適合機器學習。

（5）詳細要求：對生成長度、數量、語境等都舉出了明確的指引。

（6）提供樣例：簡化理解和運用。

9.2.10　思維鏈

研究表明，思維鏈[1]、思考樹[2]等高級思維鏈路有助提高大型語言模型推理的準確率。思維鏈提示詞還可以附加到許多工中，並且對 Agent 來說變得尤為重要。舉例來說，LangChain 實現的 ReAct Agent 以交錯的方式將工具使用與推理結合起來。

```
Answer the following questions as best you can. You have access to the
following tools:

{tools}

Use the following format:

Question: the input question you must answer
Thought: you should always think about what to do
Action: the action to take, should be one of [{tool_names}]
Action Input: the input to the action
Observation: the result of the action
... (this Thought/Action/Action Input/Observation can repeat N times)
Thought: I now know the final answer
Final Answer: the final answer to the original input question

Begin!

Question: {input}
Thought:{agent_scratchpad}
```

1　Wei, J., Chain-of-Thought Prompting Elicits Reasoning in Large Language Models, arXiv e-prints, 2022. doi:10.48550/arXiv.2201.11903.

2　Yao, S., Tree of Thoughts: Deliberate Problem Solving with Large Language Models, arXiv e-prints, 2023. doi:10.48550/arXiv.2305.10601.

這個 ReAct 模式的提示詞設計優良之處如下。

（1）進行了清晰的角色定位，即一個需要回答問題的 Agent。

（2）提供了可以使用的工具列表，限定了操作空間。

（3）詳細規定了每一步的輸入和輸出格式，包括思考、操作、輸入、觀察等。

（4）支援多步推理，重複思考、操作和觀察的循環。

（5）要求舉出最終結論以回答原始問題，保證解決問題的完整性。

這種將複雜推理任務分解為簡單部件和步驟的方式，配合明確的角色定位和嚴格的輸入、輸出格式規範，使 ReAct Agent 可以高效率地進行多步推理，最終解決指定的問題。

展望未來，提示工程仍需在健壯性、多樣性等方面不斷深化。現有提示詞對輸入的細微差別比較敏感，這限制了應用的部署。此外，更多模態和跨模型的提示詞的設計，也是拓展應用場景的重要途徑。總之，提示工程正處於快速發展階段，社區方興未艾、熱情高漲。相信隨著理論和專案實踐的雙輪驅動，提示工程必將不斷突破現有侷限，釋放大型語言模型更大的應用價值。

9.3 淺談通用人工智慧的認知架構的發展

認知架構是通用人工智慧研究的子集，始於 20 世紀 50 年代，其最終目標是對人類思維進行建模，將會使我們建構更接近人類水準的人工智慧。簡單來說，認知架構描述了一個智慧體思考、獲取資訊、做出決策等的整體機制與流程，它回答了「一個智慧體是如何思考的」這個最核心的問題。

大腦的結構及工作方式是人類特有的認知架構。它讓我們可以感知環境、儲存記憶，運用知識推理、解決問題。對一個人工智慧系統來說，開發者也需要為其設計一個類似的認知架構，讓其具有獲取輸入、處理資訊、產生輸出的能力。

　　目前最引人矚目的人工智慧系統無疑是大型語言模型。它們可透過自然語言進行互動，並且在特定領域展現出接近人類專家的智慧。但我們不能簡單地將大型語言模型視為一個完整的智慧體。從嚴格意義上來說，它們只實現了智慧體的思考推理這一部分。

　　要建構一個真正的智慧體，我們還需要解決獲取輸入和產生輸出這兩個問題。這就需要在大型語言模型之外，設計一個完整的系統架構，即認知架構。它負責決定如何向大型語言模型提供互動性的輸入，以及如何處理大型語言模型產生的輸出。

　　簡而言之，認知架構解決了「上下文輸入」和「推理輸出」這兩個關鍵問題。

　　（1）上下文輸入：它決定了大型語言模型能夠感知到的上下文資訊，將會直接影響大型語言模型的思考和決策品質。上下文輸入可以是對話歷史、外部知識來源、使用者特徵等。

　　（2）推理輸出：它負責解釋和處理大型語言模型的輸出，將其轉化為對使用者或環境的實際影響。這可能是顯示輸出、呼叫 API、控制機器人等。

　　可以看出，一個完整的認知架構不僅要包含強大的大型語言模型核心，還必須解決輸入和輸出的連接問題。只有做到這兩點，才能建構出真正智慧、實用的人工智慧幫手。

　　近年來，包括 OpenAI 在內的許多公司都在積極建構自己的認知架構方案。我們簡要總結了幾種主流的方式。

　　（1）基於對話的認知架構：最簡單的方式是透過自然語言與大型語言模型進行對話。我們透過輸入對話上下文讓大型語言模型理解當前狀態，大型語言模型使用對話回應回饋。這種對話模式最直觀，但只適用於僅需要輸出文字的場景。

　　（2）工具型認知架構：為了產生更多樣的輸出，我們還可以為大型語言模型連接各種工具，例如程式編譯器、網頁瀏覽器等。大型語言模型指揮這些工具採取行動，同時將觀察的結果回饋回對話中。這種認知架構增強了輸出的多樣性。

（3）鏈式或狀態機式認知：更複雜的認知架構會設定明確的狀態轉移流程，步驟之間相互連結，形成鏈條或網路。在這樣的認知架構下，大型語言模型負責在替定狀態空間內導航，轉移到最佳決策。這樣可以建構多步決策過程。

可以看出，高品質的認知架構設計對建構強大 AI 系統具有重大意義。它不僅決定了互動形式和獲取環境資訊的方式，也決定了如何解析和處理大型語言模型的輸出，將其轉化為對環境的實際影響。

為了更加自動化，Agent 認知架構（也可以稱為「智慧體」架構）應運而生。Agent 認知架構是當前較先進的一種設計方式，其核心想法是讓大型語言模型自主地像代理人一樣思考和做決定。具體來說，Agent 認知架構包含的循環如下。

（1）從使用者或環境中獲取輸入。

（2）將輸入和當前的狀態作為提示詞送入大型語言模型。

（3）大型語言模型會產生一個決策，比如需要呼叫工具、進行檢索等。

（4）將大型語言模型的輸出轉化為具體操作，並且觀察執行的結果。

（5）將步驟 4 的操作和觀察結果回饋給大型語言模型並作為新狀態。

（6）回到步驟 2，進入新一輪決策。

這個循環充分利用了大型語言模型根據當前狀態自主做決定的能力。大型語言模型決定下一步操作，更加獨立，也更加主動。這類似於人類代理人分析當前環境，自主決定下一步計畫的工作方式。

這種高度自動化的認知架構非常符合建構通用 AI 的目標。它減少了外部系統的導向和約束，讓大型語言模型基於自己的理解來推理、計畫和解決問題。從理想狀態來說，這使大型語言模型的行為更加智慧化。但是，Agent 認知架構也面臨一定的難題。

（1）自動化程度高，可解釋性就較差，使用者和開發者難以預測和控制整個流程。

（2）如果大型語言模型的決策存在錯誤，則後果會更嚴重，沒有外部系統校驗和糾正。

（3）在長時間執行的情況下穩定性較差，容易累積狀態而導致失敗。

所以這是一個典型的高風險高收益的設計。它代表了實現通用人工智慧的未來方向，但實際實作仍存在調優空間。下面讓我們來分析一下開放原始碼與閉源在認知架構領域的發展和競爭，我們分別以 LangChain 和 OpenAI 作為開放原始碼和閉源兩個陣營的代表。

OpenAI 作為通用人工智慧領域的明星公司，推出了 GPTs 系列產品，是強力推動 Agent 認知架構的代表。它具有獨立性和主動性，可以自主存取知識、呼叫工具，並且基於對話歷史自主決策。它類似一個比過去對話系統更主動、智慧的代理人。

OpenAI 在推出 GPTs 系列消費產品的同時，還專門為開發者準備了 Assistants API 這個工具。Assistants API 可以看作是開發者導向的認知架構服務。Assistants API 提供給使用者了類似代理人的智慧體系統。它內建了對話式互動、程式執行和知識檢索等功能模組。開發者可以基於 Assistants API，擴充自己所需的決策工具和流程。Assistants API 幫助記錄狀態，負責決策與工具呼叫之間的排程和協調。

這相當於一個半成品的 Agent 認知架構，開發者只需要在此基礎上進行延伸開發，就可以獲得一個工作的智慧代理人。這種高度自主的 Agent 設計理念，與 OpenAI 追求的目標十分吻合。他們希望透過不斷完善這種結構，大型語言模型可以獲得越來越強的思考與決策能力，最終實現通用人工智慧。

與此形成對比的是開放原始碼社區建構的認知架構工具系統。以 LangChain 為代表的開放原始碼工具，提供了豐富的樣本程式、整合範本、偵錯工具等。

開發者可以自主架設認知架構，無須受限於任何廠商。LangChain 的方法也更傾向於給系統設計明確的狀態轉換邏輯，它們建構了類似多步工作流的鏈條式或狀態機式的認知架構，使在不同場景間轉移更加可控。這雖然犧牲了部分自主性，但可靠性和適應性都更強。

比如 LangChain 推出的 OpenGPTs 專案，就是試圖複刻 GPTs 系列產品的功能及開發者版本的 Assistants API 的功能。作為一個開放原始碼系統，OpenGPTs 的最大優勢在於它提供了高度的可自訂性。舉例來說，開發者可以選擇整合不同的大型語言模型，LangChain 已經支援近百個知名大型語言模型。此外，OpenGPTs 也讓開發者更容易增加自訂的工具，實現特定域的訂製化應用。

OpenGPTs 帶來的自訂維度主要如下。

（1）大型語言模型的選擇：已預設整合 GPT-3.5 Turbo、GPT-4 等多個模型，還可以輕鬆增加其他大型語言模型。

（2）提示工程的調優：透過視覺化平臺 LangSmith 進行提示策略的偵錯。

（3）自訂工具的增加：舉例來說，以 Python 方式實現的訂製工具，可以直接連線系統。

（4）向量資料庫的切換：可以在 60 多個預整合的向量資料庫中進行選擇。

（5）檢索演算法的設定：可以自訂使用的檢索演算法。

可以看出，OpenGPTs 提供給使用者了從底層模型到提示策略再到工具鏈的全流程訂製。這類似於一個開放的認知架構架設工具箱，使用者無須受限於任何廠商，可以自主控制各個層面的技術細節。所以作為開放原始碼社區的代表，LangChain 相當於提出了另一套系統架構的設計理念，其認知架構設計更強調以下內容。

（1）增加外部系統對大型語言模型決策的約束指導。

（2）為不同問題空間設定不同的狀態轉換機制。

（3）主動將相關上下文知識推送給大型語言模型。

（4）大型語言模型負責在替定的狀態及場景中制定最佳決策。

與 OpenAI 相比，LangChain 更加強調外部系統與大型語言模型的協作。犧牲了一定的自主性，但可解釋性和穩定性都更強。LangChain 透過這種設計，可以催生出更多用於建構智慧體系統架構的開放原始碼工具。

綜上所述，開放原始碼與閉源社群目前在認知架構領域都展開了一些行動：LangChain 等開放原始碼社區更強調可解釋、可控，提供開放的認知架構工具；OpenAI 正在發展高度自主的 Agent 認知架構，並且在商業化環境下不斷完善。

通用人工智慧認知架構發展之路上的開放原始碼和閉源如何發展、演變，讓我們拭目以待！